KB234271

방콕 판타지

SUPERMAN RETURNS

방콕 판타지
SUPERMAN RETURNS

초판 1쇄 펴낸 날 | 2013년 7월 5일

지은이 | 홍로마
펴낸이 | 홍정우
펴낸곳 | 브레인스토어

책임편집 | 신미순
표지디자인 | 크리에이티브 스토리
내지디자인 | 최희선
마케팅 | 한대혁, 정다운

주소 | (121-894)서울시 마포구 서교동 381-36 1층
전화 | (02)3275-2915~7
팩스 | (02)3275-2918
이메일 | brainstore@chol.com
블로그 | http://blog.naver.com/brain_store
트위터 | https://twitter.com/brainstorepub
페이스북 | http://www.facebook.com/brainstorebooks

등록 | 2007년 11월 30일(제313-2007-000238호)

ⓒ 홍로마 2013
ISBN 978-89-94194-41-7 (14980)
　　　978-89-94194-40-0 (세트)

이 도서의 국립중앙도서관 출판시도서목록(CIP)은 서지정보유통지원시스템 홈페이지(http://seoji.nl.go.kr)와 국가자료공동목록시스템(http://www.nl.go.kr/kolisnet)에서 이용하실 수 있습니다. (CIP제어번호: CIP2013008535)

방콕 판타지

SUPERMAN RETURNS

홍로마 지음

bs
브레인스토어

벌거숭이두더지쥐(Naked Mole Rat)라는 포유류가 있다. 개미처럼 집단 내에서 계급이 나뉘어져 있어 '일꾼' 계급에 속한 벌거숭이두더지쥐는 성별 구분이 거의 불가능한 중성 상태로 교미도 하지 않고 평생 일만 한다. 그런데 일꾼 벌거숭이두더지쥐의 안드로겐 호르몬(일명 '남성 호르몬')의 수치를 높이면 더 이상 순종적이지도 않고 교미에 적극적인 관심을 보이게 된다. 즉 지배자로 계급 상승을 하는 것이다. 인간도 마찬가지다. 사회적 지배자는 남성 호르몬 수치가 누구보다도 높다. 권력이든 여자든 지배하려는 욕구가 강한 사람들이다. 안드로겐은 남성을 상징하는 호르몬이다. 요즘 자주 들리는 '화학적 거세'는 안드로겐의 하위 요소 테스토스테론의 분비를 막는 약물의 강제 투여를 뜻한다. 이 호르몬 분비가 많아지면 많아질수록 권력욕, 명예욕, 성욕이 강해진단다. 한마디로 '대장군'이 되는 것이다.

그런데 요즘은 세상이 살기 힘들어지고 피곤하다. 가만히 있어도 그나마 남아 있는 안드로겐마저 말라버리는 느낌이다. 집 한 채 사줄 형편이 안 되는 대부분의 부모 밑에서 태어난 대한민국 청년들은 결혼 애기가 나오면 길게 한숨부터 내쉰다. 젊음의 특권 자신감이 한숨 속에 섞여 빠져나간다. 운 좋게 연애와 결혼이란 관문을 통과한 아저씨들은 그럼 행복들 하신가? 겨우 장만한 신혼살림 유지하고 집 평수 키워가기 위해 눈썹이 휘날리도록 뛰어야 한다. 야근에, 회식에, 영업에 에너지 다 써대고, 집에 돌아와서는 바닥난 에너지를 쥐어짜서 남편에 아빠 노릇 해야 한다. 내가 벌어 산 집안을 아무리 둘러봐도 나만을 위한 공간을 찾기가 힘들다. 샤워하고 소파에 앉으면 가족들은 가장을 피해 슬금슬금 자기 방으로 피해버린다. 한국 남자들 정말 불쌍하게 살아간다.

방콕을 드나든 지 15년째다. 혈기왕성한 신입사원 시절 같은 팀 선배의 거룩한 고언을 받잡아 방콕으로 날아갔다. 선배가 말하기를, "태국 여자들 끝내주게 예쁘고 서비스도 뛰어나 그곳에서 넋을 가출시키는 한국 남자들이 여럿"이란다. 가보니 최소한 분위기는 정말 그랬다. 택시를 타도 "붐붐?", 트렁크를 들어주는 호텔 벨보이도 "붐붐?", 한가하게 길거리를 걸어도 호객꾼이 와서 "붐붐?", 맥주 한 잔 마시고 싶어 엉덩이를 붙인 바에서도 "붐붐?"이었다. 모르는 사람이

들으면 '붐붐'이 무슨 태국의 인사말쯤 되는 줄 알 정도다. 마음만 먹으면 언제 어디서든지 '붐붐'이 가능한 천국 같아 보였다. 여자들은 또 왜 그리 사랑스럽게 생겼는지. 가냘픈 몸매에도 잘록한 허리가 정말 끝내줬다.

그런데 방콕에서 더 희한한 현상을 발견했다. 방콕에서 만나는 한국 남자들은 대부분 호탕하고 자신감에 넘치는 게 아닌가! 한국에서 소주 털어 마시며 "요즘 힘들어 죽겠다"는 말을 입에 달고 사는 그런 사람들이 아니었다. 식당에서 음료수 하나를 시켜도 왠지 자신감이 느껴진다. 골프 코스에 들어서 파5 코스에서 갈지자를 그리는 사람들도 창피해하거나 작아지지 않았다. 화통하게(으하하하) 웃고 여유가 넘쳐났다. 국민소득이 높아진 덕분인지 모르겠지만, 요즘 방콕에는 한국의 20대 청춘들도 정말 많아졌다. 이 친구들의 자신감도 탱천한다. 방콕 처자들을 모두 가진 듯한 기분으로 지낸다. 한국 클럽에는 출입도 어려울 정도의 외모를 가진 후배가 와선 "하도 놀아본 여자애들이 많아서 이제 클럽도 못 가요. 작업 좀 하고 있으면 달려와서 '너 왜 바람 피워?' 라고 막 역정 부리고 미치겠어요"라며 자랑인지 불만인지 헷갈리는 말을 한다.

중년 남성들도 방콕에서는 표정과 언행이 달라진다. 우연히 클럽에 같이 가게 된 '아저씨'의 외모와 말투는 '한국 아저씨'의 정의를 내리는 듯했다. 그런데 그가 갑자기(그것도 초면에!) 멋지게 말했다. "내가 방콕 클럽 다닌 지 5년 정도 됐거든. 여기선 나만 따라 하면 돼"라고. 클럽 안에서 시간이 흐르자 그는 좌우에 있는 젊은 방콕 처자들과 어울리면서 클러빙의 바다에 퐁당 빠져 자유형, 배영, 접영 다 하셨다. 그 '아저씨' 노는 모습을 구경하는 것만으로도 그날은 충분히 재미있었다.

숙소로 돌아오는 택시 안에서 불현듯 "방콕의 공기에는 뭔가 다른 성분이 들어있나?"라는 생각이 들었다. 뒷산 약수가 만병통치약이듯이 방콕의 공기는 한국의 작은 남성들을 '대장군'으로 변신시키는 효능이라도 포함되어있는 건 아닐까? 그래! 한국 전국 방방곡곡에는 크립토나이트 성분이 떠다니는 거다. 그 영향력이 미치지 못하는 방콕에 온 덕분에 우리 모두가 클라크에서 슈퍼맨으로 변신할 수 있는 것일지도 모른다.

처음에는 단순히 유흥 물가가 싸서 그럴 거라고 짐작했다. 술이든 여자든 모두 한국의 절반 가격이니까, 라고 어림짐작했다. 그런데 여행을 하다 보면 사람의 사색과 고민은 필요 이상으로 깊어지기 마련이다. 시간이 지나면서 한국인 남자의 슈퍼맨 변신 원동력이 그렇게 단순하지 않을지도 모른다는 생각이 들기 시작했다. 왜냐면, 일단 유흥 환경은 한국이 '갑'이다. 여자 끼고 술 마시려고 굳이 방콕까지 날아갈 필요가 없다. 직접 가본 나라(세어보니 18개국) 중에 24시간 내내 술과 담배를 자유롭게 구입하고 매춘이 가능한 곳은, 충격적이게도, 대한민국뿐이었다. 놀랄 노자 일요일 오전 9시에도 매춘이 가능한, 경이적인 한국이다. 믿어지지 않겠지만, 우리가 살아가는 이 나라가 정말 그렇다. 법치국가 맞나 싶을 때가 한두 번이 아니다. 화대가 만만치 않다는 단점 빼고는 여자를 사는 과정 자체는 한국이 '월드 클래스' 급이다. 방콕까지 날아가는 시간과 돈을 생각하면 단지 그것 하나만으로는 한국 남자들의 방콕 사랑을 온전히 설명할 수가 없다.

도대체 한국 남자들은 방콕에 왜 이토록 열광하는 걸까? 술과 여자만으로는 설명될 길 없는 '방콕 피버'의 정체가 도대체 뭐냐? 태국에 관한 책을 읽고, 관련 정보를 입수하면서 호기심을 채우기 위해 노력했다. 하지만 표면에 내려앉은 먼지만 입으로 후후 불어 털어내는 느낌에 갈증만 더 커졌다. 지금 막 찬물로 빤 행주걸레로 뽀드득 소리 나도록 닦아내고 싶어졌다. 그래서 방콕에서 만나는 사람마다 붙잡고 물어봤다. 잠깐 놀러 온 여행자, 월 단위로 와 있는 장기 체류자 또는 아예 삶의 터전을 방콕으로 옮겨놓은 이민자 등 가지각색의 방콕 경험자들과 만났다.

대화의 처음은 대부분, 그리고 예상한 것처럼, 여자란 주제어로 채워졌다. 하지만 '그 짓'만을 위해 이렇게 많은 한국 남자들이 태국과 방콕을 찾는 이유를 온전히 설명하긴 힘들다는 점에 이내 공감했다. 대화가 거듭될수록 '외국인 프리미엄'이란 표현이 뒤따랐고, '대접', '해소' 등의 단어들이 튀어나왔다. 한국인도 방콕에서는 선진국에서 온 외국인이란 인식 덕분에 대접이 좋다는 것이다. 맞다. 한국 사회가 백인에게 얼마나 너그럽고 친절하고 깍듯한가? 한국에서 백인이란 단어는 미국인, 영어, 부자, 근사함, 멋짐, 패션, 유머, 자유로움 등을 연상시킨다. 런던, 도쿄, 뉴욕과 달리 방콕에서의 한국인은 선진국에서 온 사람들이고, 돈을 쓰러 왔으니 비위를 맞춰줘야 하며, 요즘 동남아 지역을 휩쓸고 있는 한류의 나라에서 온 남자들이니 재미있고 패셔너블하고 세련된 외국인이 된다. 한국에서는 꿈도 꿔보지 못할 정도의 미녀도 외국인이란 신분 덕분에 내게 친절하게 대해준다. 현지인에겐 허용되지 않지만, 외국인이니까 괜찮은, 그런 부분들이 적지 않다. 덕분에 한국에서는 절멸 상태에 가까웠던 안드로겐의 분비가 다시 활성화되어 우리가 아저씨에서 남자로, 평범한 녀석에서 주목받는 녀석으로 재탄생할 수 있는 건지도 모른다.

방콕 유흥을 위한 세부지침서는 사실 인터넷에 훨씬 많다. 포털 사이트에서 방콕, 여자, 밤문화, 푸잉, 마사지, 업소 등으로 검색하면 깜짝 놀랄 만큼 다양하고 상세한 정보들이 나타난다. 세상이 좋아져서 구글 지도와 거리뷰 서비스를 활용하면 방콕 시내 구석구석을 현장감 있게 들여다볼 수도 있다. 출판사의 자비와 인내심 덕분에 시작된 이 책은 방콕의 어디에서 어떻게 놀 수 있는지, 그리고 그러면서 얻어진 경험과 느낌에 대해서 이야기하려고 한다. 모든 여행 이야기가 그렇듯이 당연히 주관적일지도 모른다. 짧은 지식과 경험으로 감히 방콕을 일반화하거나 단정 지을 만큼 대담하지도 않다. 방콕에서 놀아보니 재미있었고, 그런 한국인 남자들을 보니 더 재미있더라는 이야기들이다.

많은 것을 보여주고, 여러 것을 이야기해준 방콕의 모든 분들에

게 고개 숙여 감사드린다. 뜻하지도 않았던 솔직한 이야기를 선물해
준 길거리 여인에게도 감사한다. 적당한 기대와 가벼운 읽기 그리고
방콕에 대한 기분 좋은 상상이 가능했다면 졸저에 대한 최고의 칭찬
으로 마음에 담겠다.

2013년 겨울 끝났나 싶더니
갑자기 여름이 들이닥치는 광화문에서,

홍로마

차례

#2

슈퍼맨의 방콕

#1

클라크의 방콕

떠나기

짐을 싸서 공항으로 향하면
정말 신기할 정도로
여자들이 예뻐 보인다.
공항 리무진 버스 타는 여자들은
민낯에 '츄리닝' 차림이어도 아름답다.
공항 청사 안에서 쪼르르 걸어가는
스튜어디스 언니들도 멋지다.

아침에 일어나 트렁크를 끌고 인천국제공항으로 이동한다. 이 길 참 기분 좋다. 집에서 사무실까지의 거리보다 두세 배는 더 멀지만 상쾌하다. 지나가는 사람들의 표정도 다르다. 출근길 지하철의 기다림은 따분하지만, 공항으로 가는 리무진 버스를 기다리는 시간은 흥분된다. 고작해야 책, 헤드폰, 스마트폰 충전 케이블만 들어간 출근길 가방보다 몇 배나 무거운 여행 트렁크가 훨씬 더 매력적이다. 마음의 무게가 달라서 그런가 보다.

출근길은 언제나 멀고 험하다. 실업률이 사상초유라는데 출근 지하철의 옆구리는 맨날 터진다. 이 많은 사람들 다 싣고서 가뿐히 내달리려면 도대체 전기가 얼마만큼 소모되는 걸까? 이런 쓸데없는 생각까지 할 정도로 출근길은 메말랐다. 같은 팀에서 일하는 녀석은 버스 출근족(族)인데 교통체증이 싫어 새벽 5시 반에 일어나 사무실에 7시에 도착한다. 한두 시간 정도 책상에 엎드려 잔 다음에야 정신을 차리고 하루 업무를 시작한다. 혈기왕성한 20대의 나이에 고생 참 많다.

정말 희한한 사실 하나. 그러다가 짐을 싸서 공항으로 향하면 정말 신기할 정도로 여자들이 예뻐 보인다. 공항 리무진 버스 타는 여자들은 민낯에 '츄리닝' 차림이어도 아름답다. 공항 청사 안에서 쪼르르 걸어가는 스튜어디스 언니들도 멋지다. 발권해 주는 아줌마의 유니폼 맵시도 만점. 평생 믿는 개똥철학이 확실히 맞긴 맞는다. 개새끼 눈에는 개새끼만 보

발 맞추는 건 군인과 같은데 정말 달라 보인다. 세상은 불공평하다.

이고, 행복한 사람 눈에는 행복 가득한 인생만 보인다는. 지금 막 방콕을 향해 행복한 도움닫기를 시작한다. 출근길 만원 지하철에서 그녀의 '뽕브라'는 찌그러지고, 그대의 두뇌 부팅은 지겹도록 늦지만, 떠나는 날 아침 길은 인생 기어 6단에 가서 제대로 꽂힌다. 데이비드 커버데일의 진득진득한 〈Here I Go Again〉이 울려 퍼진다.

아, 너무 감상적이 되었다. 현실에 눈을 뜨자. 일단 필사적인 사회생활인답게 방콕까지 날아가는 5시간 반까지도 편안하게 만들어야 한다. 저가항공일수록 비상구 좌석을 쟁취해야 한다. 비즈니스 공짜 업그레이드의 행운도 0.5초 정도 마음속으로 빌어본다. 발권 직원에게 '반갑게 인사' 하고 비상구 자리를 부탁한다. 비상구 자리는 나이가 들어감에 따라 기능이 떨어질 수밖에 없는 당신의 하체 건강에 있어서 매우 큰 도움을 준다. 잘난 척 "엑시트 시트(Exit Seat)"라고 말해본다. 친절하고 성실한 직원이면 정말 열심히 자리를 찾아주지만, 일반석을 이미 지정하는 손놀림 뻔히 보이는데 찾아주는 척하는 베테랑 직원도 계신다.

맞다. 먼저 만석 여부부터 확인해야 하는구나. 매정하게 '만석'이라고 하면 할 수 없지만, 여유가 있다고 하면 비상구 자리, 통로 자리, 맨 앞자리 등등 조금이라도 편한 자리를 마구 물어본다. 없으면 말고, 있으면 '땡큐'고. 혹시나 여유가 있다고 하면 과감하게 옆자리를 블록(block)해줄 수 있는지도 간청한다. 이코노미석에 앉아 옆자리 사람과 팔꿈치를 부딪혀가며 날아가는 상황은 우리 모두 피해야 한다. 물론, 발권 직원님께서 '어디서 들은 건 있어서… 편하게 가려면 비즈니스를 끊어, 이 자식아'라고 생각할지언정, 겉으로 티를 내진 않는다.

방콕행 비행기 안은 분위기도 좋다. 골프 여행객, 배낭족, 사업 출장, 여성 동지끼리의 그룹 등등이 대부분이니 다들 조금씩 들떠 있다. 부잣집에서 태어나 한국에 놀러 왔다가 귀국하는 태국인 관광객들도 끼어 있으니 이거 참 여유롭다. 태국 가는 한국인은 정말 많다. 태국 스포츠관광청의 발표 자료에 따르면, 2012년 한 해에만 태국을 방문한 한국인은 110만 명이 넘는다. 2009년 61만 명에서 불과 3년 만에 두 배 가까이 늘었다. 한국인의 태국 사랑이 날로 커지고 있다.

> 2012년 기준, 태국을 방문한 외국인 숫자는 총 22,303,065명이다. 태국은 1980년대부터 관광산업을 진흥한 이래 처음으로 연간 방문자 수가 2천만 명이 넘는 쾌거를 이룩했다.

옆자리(비상구 자리)에 앉은 한국 50대 아저씨 둘의 얼굴에도 '행복 가득'이다. 대화 내용으로 짐작하건대 컨퍼런스 핑계로 하청업체가 모셔가는 접대 골프여행이다. 승무원이 비상구 좌석 관련 안내를 받았느냐고 묻자 "나 비행기 많이 타봐서 알아, 허허"라고 잘난 척한다. 설마 지금 묻는

> 사고가 났을 때에는 승무원을 도와 어쩌고저쩌고… 사실 좀 이해가 안 가는 부분이다. 사고가 나면 비상구 승객이고 자시고 일단 무조건 힘을 합쳐 위기를 모면해야 한다. 비행기 떨어질 판인데 "손님인데 내가 왜 너희를 도와?"라고 말할 사람 몇이나 있겠나? 있다면 정말 나쁜 놈.

승무원이 선생님보다 비행기 적게 타봤을까 봐? 그런데 이 아저씨들 한 발짝 더 나아가신다.

"아가씨, 비행기에서 담배 피우는 법 알아? 화장실에 가서 변기에 머리를 대고 담배를 빤 다음에 후 불면서 물을 내리면 연기가 쏴악…."

번데기 앞에서 주름 잡으면 안 되고, 리오넬 메시 앞에서 드리블하지 말자. 지금 이 아저씨들은 비행기를 일터로 삼는 승무원에게 '내가 너보다 비행기에 대해서 더 많이 알지'라고 말하고 있는 건데, 딸뻘 되는 아가씨 앞에서 참 주책들 떠신다. 거래처 직원이 당신 사무실에 찾아와 "저 문으로 나가서 계단으로 올라가면 담배 피울 수

방콕으로 들어가는 사람들의 뒷모습은 행복하다. 그들을 바라보는 출국자. 유리벽 하나를 사이에 두고 입과 출이 나뉜다.

있는 비밀 공간이 있죠, 크크크"라고 말하면 기분이 어떨 것 같나? 결정적으로 이코노미석에 앉아서는 난리 블루스 지랄발광을 떠져도 잘나 보일 수가 없다.

　비행기는 떴고, 밥이 나오고, 영화 한 편 때려주고, 간식을 먹고 나니 쿵 하고 내렸다. 방콕에 '또' 와버렸다. 수완나품 공항은 거대하다. 잘못 내리면 한참 걸어야 한다. 유럽 가는 길에 이곳에서 한 번 환승한 적이 있었는데, 내린 곳에서 갈아탈 비행사 데스크까지 3킬로미터나 떨어져 있었다. 다행히 최종 목적지가 방콕이면 출구가 금방 나오니 걱정 안 해도 된다. 입국 심사대로 향하는 통로 아래로 이곳을 떠나가는 방문자들의 행렬이 보인다. 뭐라 위로의 말씀을 전해드려야 할지….

　언제나 그렇듯이 입국 심사대에는 기다란 줄이 만들어져 있다. 하지만 공항 직원들은 천하태평 '에헤야 디야' 모드. 여권을 펴든 직원도 옆 부스의 동료와 농담을 캐치볼하면서 여유를 잃지 않는다. 인천국제공항에서는 시간 단축하려고 이제 출입국 도장 날인도 생략되었다. 세상은 참 다르다. 그래도 다행히 수완나품 공항 직원들은 입국자를 앞에 세워놓고 밥을 먹진 않는다. 태국의 관광명소 매표소에서 일하는 직원들은 입장권을 뜯어주느라 돈을 받느라 그러면서 식사를 하느라 바쁘디바쁘다.

　공항 청사를 나와 호기롭게 담배 한 개비를 빼내어 불을 붙인다.

5분의 출근길 지하철 배차 시간은 지루하다. 30분의 공항버스 배치 시간은 달콤하다.

이 문자와 숫자들은 오로지 떠나는 자들만을 위해 표시된다. 입국장과 다를 바 없지만, 왠지 모르게 더 또렷하게 보인다.

그녀의 아름다운 머리핀이 내가 지금 향하고 있는 곳이 공항이라는 사실을 말해준다.

방콕은 막힌다. 해가 뜰 때부터 질 때까지. 막힘은 세상이 어두워진 뒤에도 이어진다. 막힘이 일상이니 뻥 뚫린 길이 어색하게 보이기도 한다.

끈적끈적하고 무더운 공기 중으로 담배 연기를 곧게 내뿜는다. 다섯 시간 반밖에 날지 않았지만, 강제에 의해 담배를 피우지 못하는 상황 자체에는 언제나 불만이다. 90년대까지만 해도 비행기 탑승 흡연 금지라는 스트레스는 이 세상에 존재하지 않았다. 비행기에서 당당히 담배를 피울 수 있었으니까. 거짓말 같은가? 정말 그랬다. 그때는 비행기도 흡연석과 금연석으로 나뉘어져 있었고, 팔걸이 앞쪽 부분에 재떨이가 붙어 있었다. 멀다고 할 수 없는 방콕까지 날아오는 중간에도 "옛날이 좋았지"라며 연신 투덜거린다.

모든 게 느려 보이는 태국의 인상은 공항 택시를 타는 순간 보기 좋게 배신당한다. 공항에서 방콕 시내로 이어지는 고속도로를 엄청난 굉음과 속도를 분출하며 택시는 날아간다. 아무리 들어봐도 이 굉음의 뜻은 '지금 당신은 엔진이 감당할 수 있는 힘 이상으로 밟아대고 있습니다' 임에 틀림없다. 그게 아니고선 엔진이 이렇게 비명을 질러댈 리가 없다. 새벽 1시의 고속도로는 전후좌우가 모두 뻥뻥 뚫려 있다. 달리기를 재촉하는 고속도로, 곡선도 별로 없이 곧게 뻗은 아스팔트 노면, 냥냥거리는 콧소리가 문장의 절반 이상을 차지하는 라디오 DJ의 목소리. 방콕에 도착했다.

> 일반 도로도 있지만, 택시 기사들은 신호 대기를 싫어해서 고속도로를 선호한다. 하지만 길이 뻥뻥 뚫린 시간대에는 고속도로와 일반 도로의 차이가 크지 않다. 고속도로는 통행료를 두 번 내야 한다. 각각 25바트, 45바트였던 걸로 기억한다.

에어컨

에어컨을 사정없이 틀어댄다.
결과는?
잠들 때의 상쾌함과 통쾌함,
그리고 다음 날 아침 코막힘이다.
젠장,
세상일이 뜻대로 되지 않는다.

태국은 상하(常夏)의 나라다. 수도 방콕은 일 년 내내 대낮 평균 온도가 30도 이하로 떨어지지 않는다. 수완나품 공항의 게이트가 열리는 순간, 매연이 섞인 후텁지근한 바깥 공기가 피부를 감싼다. 불쾌함은 도심에서 배가 된다. 한여름 서울 강남의 테헤란로에서 느낄 수 있는 바로 그런 체감. 덥고 찝찝하다.

하지만 다행히도 인류는 에어컨을 가졌다. 뜨거운 공기를 빨아들여 차갑게 냉각시킨 뒤 다시 뱉어내는 기기다. 더운 도시 방콕에서는 에어컨 시설이 필수이자 일상이다. 대형 쇼핑몰부터 작은 음식점과 편의점, 택시에 이르기까지 에어컨이 일 년 내내 가동되어 세상의 온도를 떨어트린다. 길거리를 걷다가 갑자기 어디선가 차가운 공기가 밀려와 그쪽을 돌아보면 대형 상점의 문이 열렸다 닫히고 있는 광경이 보인다. 걷다 땀이 나면 쇼핑몰이나 커피 전문점에 들어가 잠시 쉬어가는 게 상책이다.

방콕을 찾을 때마다 매번 촌스런 실수를 반복한다. 도착한 지 하루 이틀 만에 코감기에 걸린다. 갑자기 더워진 날씨에 기겁해 호텔 방 에어컨을 켜놓은 채 자는 탓이다. 다음 날 일어나면 예외 없이 코를 훌쩍거린다. 열대의 나라에 와서 코를 훌쩍거리는 촌스러움이란! 그나마 이런 실수가 혼자만의 것이 아니라는 데에서 위안 아닌 위안

방콕은 4, 5월이 가장 덥고, 11~1월 사이가 여행하기에 적합한 날씨다. 5~9월은 우기라서 소낙비가 잦다. 단시간에 폭우가 쏟아져 하수 처리가 부실한 골목길은 금방 종아리까지 올라올 만큼 홍수를 이룬다.

가끔 이런 상상을 한다. 갑자기 블랙홀에 빠졌다가 눈을 떠보니 과거로 돌아갔다. 그런데 나는 에어컨을 만들 줄 모른다. 에어컨이 있으면 좋다는 걸 알지만, 그걸 어떻게 만들어야 하는지 모른다. 정말 짜증날 것 같다. 과거로 돌아갈 때 도대체 뭘 들고 가야 할까?

방콕은 덥다. 우기에도 낮 기온은 30도 밑으로 내려가지 않는다. 시내에는 실외기가 내뿜는 뜨거운 바람과 오토바이의 매연이 뒤섞여 더 뜨겁다.

을 얻는다. 현지에서 만난 한국 여행자들 중에는 에어컨 수면의 피해자가 적지 않다. 국산 콧물 감기약을 가져왔는지 서로 물어보며 훌쩍거린다. 동네 약국에서 콧물 감기약을 꼭 챙기도록. 공항 약국은 폭리를 취하고, 방콕 현지의 의약품은 효과가 너무 세서 정신을 못 차린다. 감기는 뚝 떨어지는데, 그 대신 나른함의 극치를 맛보게 해준다.

어찌 보면 에어컨에 의한 콧물감기는 한국 사회가 낳은 폐해일지 모른다. 마루에 떡 하니 서 있는 에어컨은 일 년을 통틀어도 가동 일수가 열흘을 넘기지 않는 가정이 대

유럽에서 살 때, 감기가 지독히도 떨어지지 않으면 할 수 없이 차이나타운에 가서 중국산 감기약을 샀다. 수면제를 넘어 혹시 이게 항우울제가 아닌가 싶은 생각이 들 때도 있었다.

부분이다. 요즘은 정부까지 나서서 "에어컨을 트는 자들은 지옥에 떨어질지도 몰라!"라는 식으로 떠들어댄다. 국가가 나서서 국민의 시원하게 지낼 권리를 박탈하려고 한다. 그래서 괜히 에어컨을 켜놓으면 뭔가 굉장히 부도덕한 죄를 저지르는 것 같은 기분이 든다. 특히 전쟁을 경험했던 부모 세대에게 이런 정부 전략은 치명적으로 먹힌다.

그런데 정부의 주장, 즉 전기 요금이 너무 싸서 국민이 전기를 지나치게 많이 쓴다는 것에는 많은 오류가 있다. 정부는 OECD 가입 국가의 '1인당 전력소모량' 통계를 들이민다. 하지만 '1인당 가정용 전력소모량' 통계를 보면 한국은 대단히 낮은 수준이다. 즉, 집에서는 이미 충분히 더위를 참아가며 에너지 절약을 실천하고 있다는 뜻이다. 이에 대해서는 인터넷상에서 다양한 증거를 입수할 수 있으니 다들 짬을 내서 구글링을 해보길 바란다. 대한민국 정부는 우리가 믿는 만큼 혹은 기대하는 만큼 솔직하지 못하다. 애꿎은 공무원들 족치지 말고, 24시간 내내 엄청난 조명과 앰프로 하마처럼 전기를 소비하는 퇴폐업소를 먼저 단속하는 게 옳다.

이렇게 억압받던 한국에서 날아왔으니 방콕 호텔의 벽면에 붙어 있는 에어컨 리모컨을 손에 들면 갑자기 복수심이 끓어오른다. 에어컨을 사정없이 틀어댄다. 결과는? 잠들 때의 상쾌함과 통쾌함, 그리고 다음 날 아침 코막힘이다. 젠장, 세상일이 뜻대로 되지 않는다. 그래서 방콕 여행에서도 긴팔 상의는 필수품이다. 에어컨의 기습을 받아 코감기가 걸릴 수도 있고, 강한 자외선으로부터 백옥 같은 피부를 지킬 수도 있고, 엄하게 쏟아 붓는 폭우 공습 시에도 유용하다. 고급 레스토랑이나 클럽에 갈 때를 대비해서라도 긴팔 셔츠 정도는 챙겨야 한다.

방콕에서 자주 이용하는 호텔은 카드키를 두 개 준다. 혼자 묵어도 두 개다. 비상용인가? 아니다. 하나는 들고 다니고, 다른 하나를 객실 안에 꽂아놔 전기 공급이 끊이지 않게 만들라는 호텔 측의 배려다. 밖에서 땀 뻘뻘 흘리며 돌아다니다가 쉬려고 호텔로 돌아와 객실문을 여는 순간, 후끈해진 방 공기가 나를 반기면 슬프잖아. 카드 키를 안에 꽂아놔 부재 시에도 에어컨을 틀어놓으면 지친 몸을 이끌고 호텔 방으로 돌아왔을 때 차가운 공기가 나를 반긴다. 이거 생각보다 효과 만점이다.

방콕 전기료라도 아껴야 한다는 소심함 탓에 가끔 에어컨을 끄고 외출할 때도 있다. 그런데 돌아와 보면 방을 청소한 호텔 직원이 천연덕스럽게(?) 에어컨을 떡~ 하니 켜놓고 사라져 있다. 어쨌든 숙소로 돌아왔을 때 이미 시원해져 있는 '나의 공간'은 대단히 섹시하다.

참, 그 호텔은 수쿰빗 쏘이 33에 있는 'S33 Compact Sukhumvit Hotel'이다. 대로에서 도보 5분 정도 걸리는데, 들어가는 길목에 일본인 상대 유흥업소가 많아 눈 구경도 가능하고, 결정적으로 싸다. 아고다(agoda.com) 예약 시 평일 요금이 4만 원대다. 주말에는 만 원 정도 비싸진다. 부대시설은 거의 없지만, 잠만 잘 생각으로 깨끗한 호텔

방콕 골목 구석구석을 뒤지고 다니면 싸고 깨끗한 숙소가 많이 숨어 있다. 트레이닝 센터, 수영장 같은 쓸데없는 주변 시설이 없으면 가격이 더 싸진다. 숙소를 '잠자는 곳'으로만 사용한다면 여행 경비를 절약할 수 있다.

을 찾는다면 적극 추천한다. BTS 아속과 프롬퐁 역까지 걸어갈 수 있다. 쏘이 33은 북쪽 방향으로도 연결되어 있어 라차다, 펫차부리, RCA 등으로 통하기에도 편하다. 나중에 말하겠지만, RCA 클럽가로 가기에 딱 좋다.

그럼 더워 죽겠는데 잘 때 에어컨을 어찌할꼬? 개인차가 있겠지만, 경험상 26도 정도로 맞춰놓거나 또는 아예 꺼놓고 자는 게 컨디션 유지에 가장 좋았다. 지난겨울 방콕에서 지냈던 2주간 방에서 에어컨을 한 번도 켜지 않았다. 더울 것 같은데, 희한하게 덥지 않았다. 대낮에도 거의 꺼놓고 지냈다. 물론 사방이 벽으로 꽉 막혀 있고 창문이 코딱지만 하거나 개폐가 불가능한 구조의 숙소라면 얘기는 좀 달라진다.

장기 체류를 한다면 호텔보다는 발코니가 딸려 있는 레지던스가 훨씬 쾌적하다. 문을 활짝 열어놓을 수도 있고, 여러 모로 편하다. 가격이 문제인데, 교통 편의성이 떨어짐에 따라 가격대도

호텔보다 레지던스가 장기 체류에 적합하다. 가끔 '집밥'이 그리워질 때도 있으니까. 일본인 자본 덕택에 한국과 일본의 공중파 TV채널을 모두 감상할 수 있다.

내려가니 각자 판단하여 선택하면 된다. 호텔 부킹 사이트에서 'residence', 'apartment' 등의 키워드로 검색하면 된다.

재미있는 건 이렇게 더운데도 방콕 시내에서는 카디건이나 긴팔 후드티를 입은 현지인의 모습을 쉽게 볼 수 있다는 점이다. 동남아 여행의 상징인 민소매 상의(일명 '난닝구')와 반바지 차림의 외국 여행자에겐 정말 이상하게 보일 수밖에 없는 로컬 패션이다. 한번은 대낮 점심시간에 더플코트를 입고 가는 여성을 본 적도 있다. 쫓아가 연유를 묻고 싶었을 정도로 신기했다.

날씨에 정면으로 대드는 이런 패션도 에어컨의 부산물이다. 온종

혼자 지내기에 침실과 거실의 구분은 사치일지도 모른다. 한국에서도 보지 않는 TV까지 2개씩이나 된다. 끔찍하게 성실한 에어컨마저 2대. 당신의 방콕 숙소는 시원하다.

온종일 찬 공기로 가득한 실내에만 지내는 방콕인의 낮은 덥지 않다. 제대로 걷지도 못할 정도로 뜨거운 뙤약볕 밑에서 털 카디건을 입은 그녀를 봤다.

일 에어컨이 가동되는 실내에서 근무하는 방콕의 직장인 또는 도서관에서 열심히 공부하는 학생들이다. '빵빵' 하게 돌아가는 에어컨의 찬바람을 맞으며 하루를 버티려면 당연히 그에 맞는 옷차림이 필요하게 된다. 대형 쇼핑몰이나 명품숍에서 볼

뜨거운 한낮, 통로 길가에 앉아 30바트짜리 수박 주스를 마시고 있자니 눈앞으로 귀여운 털뭉치가 달린 후드티가 지나갔다. 난 더운데. 미치도록.

수 있는 긴팔 정장 차림의 현지인들은 모두 귀하신 분들이다. 더운 곳을 나돌아 다닐 일이 없으셔서 그런다. 친하게 지내자.

방콕에서 걷기

방콕은 느리게 걷는다.
무더운 날씨가
보행 속도를 떨어트리고,
느긋한 성품이
양 발의 교차 주기를
길게 만든다.

팔팔했던 20대에 방콕을 처음 경험했다. 젊었을 때니까, 그리고 아무것도 몰랐을 때니까 무작정 걸어 다녔다. 택시 기사들은 모두 사기꾼처럼 보였고, 태국 문자로 범벅이 되어 있는 대중교통은 어떻게 이용해야 할지 엄두가 나지 않았다.

태국 여행자가 대부분 그렇듯이 나도 처음에는 카오산의 게스트하우스에 묵었다. 인간은 사회적 동물이니 주위 분위기를 타기 마련이다. 금전적인 여유가 있었지만 그곳에 있다 보니 걸어야 되는 줄 알고 걸었다. 멀쩡한 식당을 놔두고 호기심이 발동해 길거리에서 식사를 해치운다. 4~5만 원이면 청결한 호텔에서의 1박이 가능하지만, 태국에 갔으니 선풍기만 달려 있는 싸구려 게스트하우스를 선택해 사서 고생한다.

걷고 또 걸었다. 신기한 이국의 풍경에 취한 마음은 너그러워졌지만, 두 다리는 만신창이가 되었다. 마음은 남국, 몸은 한국이다. 그러다 처음 눈에 들어온 발 마사지 업소의 문을 열고 무작정 들어갔다. 신발을 벗고 들어가는 길목 바닥에 요철이 있었다. 발바닥을 갖다 대는 순간 쥐가 오르는 것 같은 통증에 비명을 질렀다. 한 시간이 지나고 같은 요철을 밟았지만 아무런 고통도 느껴지지 않았다. 정말 신기했다.

1980년대 초부터 태국 정부는 관광객 유치에 나섰다. 시내 호텔 시설이 절대적으로 부족했던 터라 외국인들이 왕궁과 가까운 주택가에 방을 얻기 시작한 것이 전 세계 배낭족들의 로망 카오산 로드의 기원이다.

홀로 여행에서는 게스트하우스를 이용해서 여행 동지를 만드는 것도 좋은 방법이다. 끝내주는 시설의 호텔에서도 제공받을 수 없는 서비스다. 단, 그것도 운 좋게 마음이 맞는 동지를 얻었을 경우에만 한한다.

카오산도 넓어졌다. 손님이 몰리면 가격은 오른다. 배낭족의 거리에 가까운 게스트하우스의 요금은 예전에 비해 많이 비싸졌다.

젊으면 어디든 좋다. 허름하고 낡고 이국적인 냄새가 나도 만족할 수 있다. 몸과 마음 둘 중 하나만 젊어도 된다.

카오산 스테익하우스에서는 마음대로 담배를 피울 수 있다. 에어컨은 없어도 마음은 시원해진다. 삐걱거리는 의자에 등을 걸치고 굳은 몸을 쭉 펴봐라.

피곤하면 드러누울 수 있는 곳이 방콕에는 많다. 이렇게 비싼 곳도 있고, 골목골목 영업 중인 저렴한 업소도 많다. 로컬 손님이 주로 찾는 업소는 가격도 착하다. 무리한 행군에 힘쓰지 말고 자주 쉬어야 한다.

나이도 들고, 그때보다 호주머니 사정도 좋아진 지금은 방콕에서 더 이상 걷지 않는다. 정확히 말하면 행군 나선 군인마냥 30분, 1시간 식으로 무리한 도보 이동을 더 이상 하지 않는다는 뜻이다. 오랜 시간 걷는 대신 에어컨 덕분에 차가워질 대로 차가워진 BTS와 지하철, 택시를 이용한다. 길이 막히면 납짱의 도움을 받기도 한다. 예전처럼 아침 일찍 일어나 호텔에서 나가 모든 에너지를 소진한 다음 호텔로 기어들어와 곯아떨어지는 식의, 관광을 빙자한 시가지 전투 훈련도 하지 않는다. 조금 걷고, 시원한 커피숍에서 땀을 식힌다. 조금 또 걷고, 쇼핑몰에 들어가 쉬엄쉬엄 에너지를 보충한다.

태어나고 자라난 그리고 생활하는 서울의 보행 속도는 거의 우사인 볼트 급이다. 사실 서울 안에서만 살다 보면 내 걸음걸이가 그렇게 빠른지 알 수가 없다. 옆에 있는 사람들과 나란히 걸으니 당연히 속도감을 느낄 수가 없다. 운전할 때도 그렇다. 시내에서는 80킬로미터로만 달려도 엄청난 과속처럼 느껴지지만, 고속도로 위에서 같은 속도로 달리면 당장 뒤에서 하이빔이 날아온다. 아니, 주변에서 다들 "저 차 어디 고장 났나 봐"라며 걱정해준다.

방콕은 느리게 걷는다. 걷다 보면 자꾸 앞사람 등에 바짝 접근하는 나를 발견한다. 무더운 날씨가 보행 속도를 떨어트리고, 태국인

사람이 정상적인 성장 루트를 밟으면 연령과 수입은 통상적으로 비례한다. 단, '사회적으로 살 경우'에 한한다. 사회보다 꿈을 우선시하는 선택은 그에 따른 대가를 치르는 경우가 많다.

동네마다 길목에 오토바이 기사들이 대기한다. 대중교통이 닿지 않는 거리 구석구석을 납짱의 허리를 잡고 달리는 방콕 시민은 굉장히 많다. 덤으로 미니스커트를 입고 오토바이 뒤에 탄 아가씨들은 무척 섹시해 보인다.

구정물을 머금고 있는 보도블록이 많다. 길거리 풍경에, 그녀들의 미끈한 각선미에 한눈팔다가 따스한 구정물 폭탄을 받을 수 있으니 조심해야 한다.

특유의 느긋한 성품이 양 발의 교차 주기를 길게 만든다. 깔끔하게 차려 입은 샐러리맨, 물건을 배달하러 가는 기사, 대나무 앞뒤로 먹을거리를 대롱대롱 달고 가는 아주머니, 혈기왕성한 고등학생, 짙은 선글라스와 번쩍거리는 배지의 경찰, 그들 모두 방콕에서는 천천히 걷는다. 그 틈바구니에서 행인들을 추월해 걸어 나가는 나의 모습이 너무 안타깝게 느껴진다. 서울에서 펼치는 무의식적인 경보 레이스를 방콕에서까지 재현할 필요는 없다. 빨리 걸으면 금방 지치고 방콕의 느긋함과 자꾸 접촉사고가 난다. 천천히, 느릿느릿, 설렁설렁….

불행인지 다행인지 방콕의 인도 위에서도 약간의 긴장감이 필요하긴 하다. 고약한 보도블록 폭탄 때문이다. 폭우가 잦은 곳이니만큼 길 여기저기가 푹푹 패어 있는 곳이 적지 않다. 삐딱하게 자세를 잡고 있는 보도블록도 많고, 아예 구멍이 뚫려 시커먼 입을 쩍 벌리고 있는 녀석도 있다. 그런 곳을 잘못 밟으면 보도블록 밑에 고여 있던 구정물이 튀어 올라 낭패를 본다. 왼발에 밟힌 보도블록이 뱉어낸 구정물이 덮친 오른쪽 정강이로 느껴지는 따스함이란 정말 찝찝했다. 반바지였으니 그나마 다행이었지, 만약 클럽 가려고 흰색 바지 제대로 다려 입고 나선 길에 이런 구정물 폭탄을 맞는다고 생각하면 정말 끔찍하다. 사색하면서 걷는 것도 중요하지만, '불량' 보도블록을 밟지 않도록 조심해야 한다.

무더운 방콕에선 충분히 쉬어야 더 많이, 더 넓게 볼 수 있다. 이를 악물고 여행책에 나와 있는 명소를 쫓아가 인증샷을 남겨야 한다는 강박관념은 잠시 내려놓자. 방콕에 온 우리의 행위를 출장이 아니라 여행이라고 부르는 이유다. 터벅터벅 걸으면서 지나쳐가는 방콕인의 표정도 보고, 길거리 노점에 놓여 있는 음식도 구경해보고, 골목골목 자리를 잡은 납짱의 수다에도 귀 기울인다면 더 재미있는 '걷기'가 된다.

땀을 식히기 위해 스타벅스를 찾았다면 엉덩이 깔고 앉아 충분히 쉬자. 옆 테이블에 앉아 열심히 공부하는 여대생의 모습, 샐러리맨들의 휴식, 외국인 여행자들의 헐떡거리는 숨소리도 구경거리다. 각박한 한국의 일상에선 나 홀로 앉아 커피를 홀짝거리며 무언가에 대해서 생각해볼 여유를 찾기가 참 힘들다. 방콕에서는 사색도 즐겨보자. 커피숍 창문 밖으로 지나가는 사람들의 모습을 그냥 멍하니 쳐다보자. 방해꾼 스마트폰은 주머니 안에 고이 모셔두고.

한번은 홍콩 란콰이펑에 있는 한 스타벅스에서 혼자 팔자 좋게 책을 읽고 있었다. 대여섯 명의 한국인 젊은 여행자들이 들어와 각종 아이스 음료를 주문했다. 테이블 하나를 잡고 둘러앉은 이 친구들은 홍콩이 얼마나 더운지, 홍콩 섬의 골목길이 왜 이리 가파른지, 그리고 이제부터 가야 할 관광명소가 어디에 있는지에 대해서 열심히 떠들었다. 대략 15분 정도 그렇게 떠들더니 맏형으로 보이는 친구가 벌떡 일어나 "자, 이제 땀 식혔으니까 또 가보자!"라며 행군(?)을 독려했다.

타인들이었지만 그 순간 "좀 더 쉬었다 가세요"라며 붙잡고 싶었다. 좀 느리게 걷자. 행군은 이미 군대에서 다 해봤다. 왜 비싼 돈 내고 온 해외여행에서까지 자신의 체력을 시험하는 걸까? 방콕에서도 이런 여행객의 필사적인 모습을 자주 접한다. 그대들이여, 방콕에 왔으면 방콕의 속도로 걷기를 간절히 바란다. 한국에서의 속도로 걷다간 발병 난다.

경험상 단기여행자에겐 택시가 가장 합리적인 이동수단이다. 방콕 시내에선 웬만한 거리를 달려도 요금이 5천 원을 넘기지 않는다. 무리하게 걸어 다니다가 택시에 올라탄 배낭족 후배는 "어휴, 저도 이제 택시 타고 다녀야겠어요. 너무 힘들어"라며 긴 숨을 내쉬었다. 지고한 깨달음의 순간, 찬양한다! 걷더라도 느릿느릿 걸어라. 행군은 더 이상 미덕이 아니다. 힘들다 싶으면 쉬고, 흘린 땀은 에어컨에 말리고, 피로함은 발 마사지로 푼다. 발 마사지 한 시간 받아봤자 7~8천 원 정도다. 뙤약볕을 참아가며 행군을 벌이기엔 나의 에너지는 너무나 소중하다.

땀을 식힌다. 한국처럼 방콕의 쇼핑몰도 입장료를, 당연히, 받지 않는다. 푹푹 찌는 날씨를 피해, 대야로 퍼붓는 것처럼 쏟아지는 소나기를 피해, 도망갈 쇼핑몰이 방콕에는 참 많다.

돌아다니기…
택시로

방콕에는
택시가 공기 중
미세먼지만큼 많다.
오아시스처럼
도도하거나
고독하지 않다.

푹푹 찌는 도심 열기 속에서 땀에 흠뻑 젖은 티셔츠 차림으로 올라탄 방콕의 택시는 천국이 따로 없다. 시원하다. 에어컨 바람이 끈적거리는 겨드랑이와 사타구니로 마구 파고든다. 뜨거운 사우나에서 한참을 지지다 밖으로 나왔을 때 느껴지는 그런 상쾌함. 방콕의 택시는 사막 한가운데에 만나는 오아시스다.

방콕에는 택시가 공기 중 미세먼지만큼 많다. 오아시스처럼 도도하거나 고독하지 않다. 관광대국답게 24시간 내내 도로 위에서 빈 택시를 쉽게 발견한다. 흔하디흔하니 방콕 지리에 어두운 외국인 승객에겐 큰 도움이자 안심이다. 물론 불편함도 있다. 행선지를 영어로 말해 관광객임을 인증한 승객에겐 대번에 비싼 일정금액을 요구하곤 한다.

낯선 자들의 공간 공항 입국장에서는 바가지 상술이 특히 심하다. 수완나품 공항에서 수쿰빗이나 실롬까지는 실제 미터 주행 시 200~250바트, 한화 약 7,000원 정도다. 하지만 방콕의 무더위와 지루함을 참아가며 손님을 기다린 택시 기사들의 금액은 4~500바트 선에서 시작한다. 현지 물가 감각이 없는 관광객은 "그래 봤자 2만 원도 안 되잖아"라는 간단한 암산으로 택시에 올라탄다. 인천공항에서 광화문까지 가는 택시비를 생각하면 싸긴 싸다. 낯선 초행길에서 그 정도 지출로 마음과 다리의 편안함을 얻는다면 한 번 정도 속아주는 것도 나쁘지 않다.

그래도 나중에 실제 금액을 알고 나면 배가 아프다. 여행 경비에

외국인 여행자가 있는 곳에는 언제나 택시와 뚝뚝이 대기해있다. 물론 대기 중인 교통수단은 모두 흥정에 의해서만 움직인다. 가장 방콕다운 뚝뚝은 최근 들어선 BTS와 MRT 탓에 교통수단이 아니라 관광상품처럼 변해버렸다.

버스는 방콕을 보여준다. 외국인 승객이 거의 없어 더 '방콕' 스러워 보인다. 에어컨도, 선풍기도 없지만 작은 버스는 승객을 가득 싣고 달린다.

일본 자본에 의해 현대화가 이루어진 흔적은 여러 곳에서 발견된다. 이곳의 운전석은 일본처럼 오른쪽에 위치한다. 통행 방향도 당연히 우리와 반대인 왼쪽이다.

민감한 성격이라면 그런 바가지 상술을 피해야 정신건강상 좋다. 여행 가서 스트레스 받을 필요는 없으니까. 호치민에 처음 갔을 때, 공항 택시 기사는 시내 호텔까지 100달러를 요구했다. 귀찮다는 듯이 무시했더니 50달러까지 금액이 내려갔다. 그래도 그 호객꾼 하는 짓이 얄미워서 결국 제일 싸구려 이동수단인 버스를 탔다. 떠나는 날, 호텔에서 공항까지 택시를 타고 갔더니 미터기 요금은 10달러 정도였다. 그 택시 기사는 나의 지갑에 남아 있던 지폐 전부를 받아가는 행운을 얻었다.

사회생활도 별반 다르지 않다고 생각한다. 세상의 왜곡된 가치관을 무의식적으로 받아들이는 짓은 어리석다. 한국 사회가 돈을 외치고 외모를 추앙한다고 나의 삶을 세태에 맞추면 결국 내 인생까지 오염되고 만다. 직장에서 업무의 효율성보다 상사의 입맛과 취향만 좇다 보면 승진해도 결국 똑같은 상사가 되고 만다. 이런 시행착오를 우리 남자들은 모두 겪는다. '나는 저 새끼 같은 고참은 되지 말아야지' 라고 다짐하고 맹세하지만, 나도 모르는 사이에 후임들을 짓궂게 괴롭히고 있는 고참으로 변해 있다. 정도를 걷고 상식이 가리키는 길을 걸으면 그에 대한 보상을 받을 수 있다. 방콕과 호치민의 '바가지' 택시 기사들을 모아놓고 강연회라도 벌여야 할까 보다.

한번은 공항에서 택시를 탔다. 행선지는 실롬이었다. 대뜸 500바트를 달라고 해서

수완나품 공항에서 방콕 시내로 가는 방법은 총 세 가지다. 택시와 지상철(에어포트 링크) 그리고 버스다. 지상철이 가장 빠르고 확실한 이동수단이었다. 안내가 잘되어 있어서 공항에서 물어 찾아갈 수 있지만, 그래도 안심하지 못하시는 분들은 http://airportraillink.railway.co.th/en/를 참조하시라.

'썩소' 한번 제대로 날려주고 뒤돌아 담배에 불을 붙였다. 택시 기사가 뻘쭘한 듯 있다가 이내 "400바트"란다. 쳐다보지도 않고 스마트폰을 만지작거렸다. 누가 봐도 '넌 꺼져'라는 의미의 제스처. 담배가 반쯤 타들어 갈 무렵 다른 기사가 슬금슬금 다가오더니 "미터 요금에 50바트만 얹어줘요"라고 제안한다. 한국 돈으로 2천 원도 안 되는 돈이라면 얼마든지 팁으로 줄 수 있다. 거래 성사. 통행료가 없는 일반도로로 가자고 해서 결국 미터 요금 220바트에 50바트를 더해 270바트로 숙소까지 빠르고 안전하게 도착할 수 있었다. 초조해하지 말고 기다리면 결국 여행자가 승리한다. 왜냐면 방콕에는 승객보다 택시가 훨씬 더 많기 때문이다. 대안이 많은 만큼 그들이 먼저 손님의 비위를 맞춰야지만 돈을 벌 수 있다.

방콕에서는 항상 이 점을 기억하면 된다. 택시가 승객보다 훨씬 많다. 타기 전에 바가지요금을 요구하면 안 타면 그만이고, 탄 뒤에 미터기를 작동시키지 않으면 켜달라고 하거나 그냥 내려달라고 하면 된다. 보너스로 '썩소'까지 날려줌으로써 '나 태국 좀 다녀본 놈'이라는 뉘앙스를 강하게 풍겨주면 더 좋다. 그러다가 택시를 못 타면? 걱정 마시라. 바가지요금만큼 정직하게 미터 주행하고 1바트짜리 동전까지 거슬러주는 정상적인 택시도 하늘에 떠 있는 별만큼 많다. 시간에 쫓길 일이 별로 없는 여행자에

수쿰빗 대로에서는 달릴 때보다 서 있을 때가 더 흔하다. 택시 안에 갇혀 있는 상황을
싫어한다면 머리 위로 통인 BTS를 이용하면 된다.

겐 압도적으로 유리한 환경인 셈이다. 간혹 길거리를 걷다 보면 택시 기사와 열심히 흥정하는 관광객의 모습을 본다. 그럴 필요 없다. 그냥 '쌩' 까시라. 돈을 벌 기회를 잃어버린 택시 기사 쪽이 더 아쉬울 뿐이다. 값을 깎아도 그냥 무시. 다른 택시를 타면 된다. 친절하고 정직하고 안전한 택시가 방콕에는 훨씬 많다.

방콕의 택시는 매력적이다. 좀처럼 화를 내지 않는다. 난폭운전도 거의 드물다. 택시뿐만 아니라 방콕의 운전 문화 자체가 한국보다 훨씬 평화롭고 선진적이다. 앞으로 끼어드는 운전자를 임진왜란 왜놈 대하듯 하이빔을 켜고 쌍욕을 해대는 우리네 운전 습관과는 많이 다르다. 서로 양보하고 이해해준다. 도로가 한산해진 밤 11시경에 택시를 탔다. 기사는 혈기왕성한 20대 청년이었다. 주행 도중 한 오토바이가 내가 봐도 위험하게 택시 앞으로 끼어들었다. 청년 기사는 "쯧쯧"이라며 혀를 찼다. 그냥 그걸로 끝이었다. 아무 일 없었다는 듯이 갈 길을 갈 뿐이다. 불법 유턴하는 차량에도, 무단횡단하는 행인에게도 양보의 미덕을 베푼다. 신사의 나라 영국의 택시보다 더 안전하게 차를 몬다. 괜스레 내 마음까지 넉넉해진다. 나무아미타불관세음보살.

하지만 교통체증이 풀린 도로 위에선 방콕 택시도 빨라진다. 총알택시의 태국 버전을 실감하고 싶으면 늦은 밤 택시를 잡고 "아저씨, 파타야!"를 외쳐

몸을 지켜주고, 금전을 불러오는 신물(神物). 수많은 신의 보호 덕분에 방콕은 오늘도 안심하고 생활한다. 부처의 뜻대로 살아가는 방콕이라서 급하거나 안절부절못하지 않는다.

보자. 방콕에서 파타야까지는 147킬로미터 떨어져 있다. 태국판 세바스찬 페텔을 만나면 이 구간을 한 시간 정도에 주파한다. 운전대가 우리와 반대인 오른쪽에 있기 때문에, 차에 오르면 사방 거리감이 달라 능숙한 운전자라고 해도 곡선 구간의 과속 주행에서는 심장이 쫄깃해진다. 참고로 방콕-파타야 구간의 택시비용은 대략 1,000~1,500바트 사이에서 흥정된다. 장거리인 만큼 미터가 아니라 정액으로 간다. 서너 명이 모여 이용하면 비용 부담이 줄어드니 나쁘지 않은 이동방법이다. 방콕에서 갑자기 마음이 동해서 택시를 집어타고 파타야에 가서 하룻밤 놀고 오는 친구들도 있다.

방콕에는 택시로 넘쳐난다. 그중에는 착한 택시도 있고, 못된 택시도 뒤섞여 있다. 세상과 똑같다. 선인과 악인이 함께 살아가는 우리의 일상처럼.

우기에는 믿을 수 없을 만큼 많은 양의 비가 한꺼번에 쏟아진다. 골목길들은 눈 깜짝할 사이에 물에 잠겨버린다. 택시는 바깥과 나를 완벽하게 구분해준다.

방콕 택시 만세인가? 반드시 그렇진 않다. 불친절하고 관광객을 우려먹으려는 녀석들도 더러 있다. 세상 어디에나 썩은 사과는 있으니까. 행선지를 말하면 알아듣기 어려운 영어로 다른 곳을 말하고 승객의 대답 여부에는 신경도 쓰지 않고 엉뚱한 방향으로 차를 모는 경우가 있다. 예를 들어, 'ㅇㅇ 쇼핑몰'이라고 말하면 도중에 'XX 쇼핑몰'이라고 혼잣말로 속삭인 뒤 그쪽으로 차를 몬다. 'XX 쇼핑몰'에 가면 관광객을 태우고 온 것에 대해서 주유 바우처나 현금을 받을 수 있기 때문이다. 택시 기사가 태국어로 뭐라고 떠들어도 오로지 원래 가고자 했던 행선지를 똑똑히 말하는 게 중요하다. 특히 '나 홀로' 여성 여행자는 절대로 겁먹지 말고 행선지를 또박또박 말해라. 기사가 못 알아듣는다 또는 그러는 척을 한다 싶으면 바로 내려달라고 요구하면 된다.

초보 여행자들은 택시 이용에 관한 불만이 크다. 신변의 위험을 느꼈다는 여성 여행자도 더러 있다. 태국어를 이해하지 못하는 탓에 불필요한 오해가 생기기도 한다. 하지만 한국과 마찬가지, 방콕에도 착하고 정직한 기사들이 더 많다. 운 나쁘게 '나쁜 놈'을 만났다고 방콕의 모든 택시를 부정적으로 바라볼 필요는 없다.

납짱

'나도 스릴 한번 느껴보자' 라는
도전정신이 발동할 때라면
한 번쯤 납짱의 뒷자리에
앉아보는 것도 나쁘지 않다.
대신 사고 나도 난 책임 안 진다.
아니, 질 수가 없다!

어릴 적부터 귀가 따갑도록 들은 말이 있다. 오토바이는 위험하다고. 아버지도 그러셨고, 오토바이로 '한 폭주' 해봤다고 주장하는 친구 녀석도, 그리고 시사 고발 프로그램에 모자이크 처리되어 헬륨 가스 마신 목소리의 전직 폭주족도 그랬다. 오토바이는 위험하다. 멋져 보이지만 언젠가는 자빠질 수밖에 없고, 한 번 자빠지면 골로 간다는 게 공통된 의견이었다. 사실 소심해서 오토바이를 타보겠다는 생각은 한 번도 해본 적이 없다. 솔직히 어릴 때 자전거도 한 번 안 타봤다. 그냥 형이 태워주는 뒷자리에 만족했다. 그러다가 방콕에서 납짱의 매력에 푹 빠졌다.

처음에는 겁이 나서 엄두를 내지 못했다. '오토바이＝골로 가는 것'이란 등식이 해마에 깊게 새겨져 있었고, 결정적으로 도대체 이건 돈을 얼마 줘야 할지를 알 수가 없어서 다가설 자신이 없었다. 같은 구간을 가는데도 납짱에 따라 가격이 천차만별이었다. 누구는 40바트, 누구는 100바트 식으로 헷갈렸다. 하지만 큰맘 먹고 타본 오토바이는 매력적이었다. 꽉 막힌 교통체증에 갇힌 자동차 사이를 싹싹 잘도 빠져나가 약속시간을 지키게 해주는 고마운 은인임을 깨달았다.

납짱은 자기만의 구역이 있다. 손님을 실어 나르기 위해 다른 구역으로 들어간 납짱은 해당 손님을 내려준 뒤에 본래 구역으로 돌아올 때까지 절대로 새 손님을 받지 않는다. 불러 세워도 납짱은 자기

간이 배 밖으로 나오면 달리는 오토바이 위에서 사진 촬영을 시도해보기도 한다. 포커스처럼 가슴속이 자유분방해진다.

손가락으로 해당 구역의 납짱을 가리키곤 부르릉 사라진다. 동업자 정신 정말 '쩐다'. 사람들이 모이는 길목마다 그 구역의 납짱들이 모여 있다. 세븐일레븐 앞일 수도 있고, 버스정류장 앞일 수도 있다. 가서 보면 쉽게 알겠지만, 희한하게 여기쯤 있겠다 싶은 곳에는 틀림없이 납짱들이 대기하고 있다.

구역을 나타내는 주황색, 노란색 등의 조끼를 입고 있어 금방 눈에 띈다. 온종일 야외에서 일하기 때문에, 다들 온몸을 옷으로 가리고 있다. 더워 죽겠는데도 야전 훈련에서나 볼 수 있는 벙거지 마스크(남자들은 다 아는, 눈 부분만 뚫려 있는 그것)를 쓰고 있어서 외국인이 볼 때에는 다소 '무서운 사람들'이라는 인상을 준다.

이들의 주요 고객은 대로에서 빠져 안쪽으로 5~10분 정도 이동해야 하는 현지인들이다. 시내 대로에서 빠져서 들어가야 하는 좁은

전을 보장해주진 못해도 시간만큼은 확실히 보장해준다. 교통체으로 움직임이 죽어버린 러시아워에도 납짱은 요리조리 잘도 빠져나간다. 담당구역 내에서는 최고의 일꾼이자 해결사들이다.

납짱들은 손님을 기다리면서 장기를 두곤 한다. 체스인지 태국식 장기인지 알 길이 없지만 말을 움직이기 전의 고민과 신중한 손짓은 우리와 다를 바 없다.

골목골목까지는 대중교통이 아예 닿지 않는 곳이 많다. 사회 인프라 시설의 낙후성 때문이 아니라 많은 골목이 버스가 다닐 만한 폭을 갖추지 못했다. 걸어가면 되지 않느냐고? 직접 방콕의 뒷골목을 가보면 걷기에는 너무 멀고 복잡하다는 사실을 깨닫는다. 평상시에는 납짱들 대부분 대기 장소에 모여 수다를 떨고 있지만, 출퇴근 시간에는 납짱을 기다리는 줄이 생길 정도로 손님이 많아진다. 정장과 회사 출입용 아이디카드를 목에 건 소위 '멀쩡한' 사람들도 납짱을 이용하는 모습은 매우 이국적이다.

처음엔 몰랐지만, 나중에서야 납짱 대기장소에 행선지별 요금표가 떡 하니 붙어 있다는 사실을 알았다. 그 전까지 바가지 제대로 써왔던 셈이다. 물론 요금표가 있다고 해도 몽땅 태국어로 쓰여 있으니 외국인으로선 정확한 금액을 파악해낼 재주가 없다. 보통 한 블록, BTS 한 역 정도 거리가 기본요금으로 20바트부터 시작한다.

외국인이면 대번에 두세 배 가격을 부른다. 수쿰빗처럼 외국인 천지인 동네에서는 바가지가 더 심해진다. 거꾸로 외국인의 발걸음이 뜸한 한적한 곳에서 영업을 하는 납짱의 가격은 로컬에 맞춰져 있는 덕분에 엄청나게 싸다. 현지인 친구와 함께 있다면, 가격 흥정을 부탁해야 한다. 일전에 후배의 태국인 여자친구와 셋이서 식사를 하고 헤어졌다. 항상 100바트씩 내고 다녔던 구간을 후배의 태국 여자친구가 대번에 50바트로 후려쳐줬다. 마, 그런 식이다. 불만 없다. 방콕이니까.

시행착오를 거쳐 터득한 요령은 일단 한 블록 정도
되는 거리를 일단 이용한 다음에 모르는 척하고 20바트
만 들이미는 것이다. 그냥 받아 가면 오케이고, 더 달
라고 하면 그때 가서 흥정하면 된다. 방콕 출입이 잦아
짐에 따라 오토바이 택시 이용 빈도도 높아졌다. 대로
에서 도보 10~15분 정도 들어가면 싸고 깔끔한 숙소가 많다는 사실

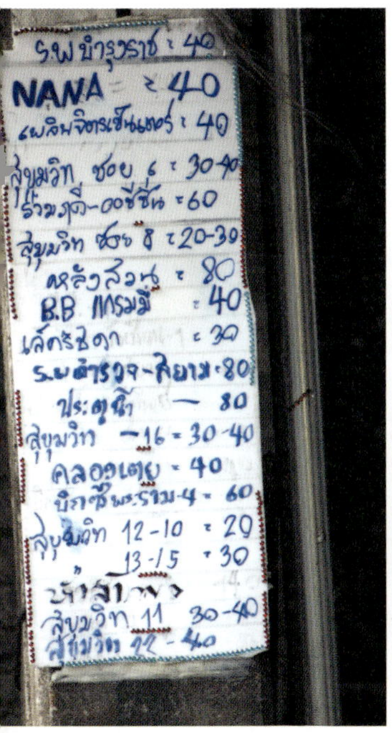

오토바이 택시는 타기 전에 행선지와 가격을 흥정해야 한다. 담당구역이 철저히
나뉘어져 있어 너무 먼 거리는 운행하지 않는다. 외국인에겐 바가지를 씌우기도
한다.

외국인에겐 아무런 소용 없는 오토바이 택시의 가격
표. 납짱들이 모여 있는 곳 어딘가에 자유롭게 붙어
있다. 하지만 지금까지 이 가격표가 제 기능을 발휘
한 적을 본 적은 없다.

을 깨달으면서부터다. BTS 역에서 내려 납짱 뒤에 올라타면 5분 내로 도착하는 곳에 숙소를 잡는 것도 방콕 여행비용을 절약할 수 있는 팁이다.

그러나 오토바이 택시 이용은 '당연히' 위험하다. 언제 어디서 어떻게 넘어질지 모르는 게 오토바이의 정체성인 탓이다. 특히 방콕처럼 '참 좁다' 싶은 골목에서도 자동차들이 툭툭 튀어나오는 곳이라면 사고 위험성은 더 높아진다. 납짱과 함께 땅바닥에 드러누운 경험이 운 좋게도 아직 없었지만, 만약 그런 사고를 당했다고 상상만 해도 갑갑해진다. 몸 다치고 보상은 뻔할 뻔 자 형편없을 것이다. 그런 리스크를 감수할 생각이 없다면 절대로 오토바이를 타선 안 된다. 몸과 마음 다 다칠 수 있다.

그럼에도 불구하고 열심히 작업해놓은 태국 여신과의 약속시간에 늦었다거나(그런 일은 거의 없을 것이다. 왜냐면 태국 아가씨들은 약속시간을 절대로 지키지 않으니까), 중요한 사업 미팅 시간이 다가오는데 타고 있는 택시가 움직일 생각을 안 한다 싶을 때, 마지막으로 '나도 스릴 한번 느껴보자' 라는 도전정신(한국 청년들 이거 좋아한다)이 발동할 때라면 한 번쯤 납짱의 뒷자리에 앉아보는 것도 나쁘지 않다. 대신 사고 나도 난 책임 안 진다. 아니, 질 수가 없다! 전적으로 본인 책임이다.

납짱 뒷자리에 앉은 자세 하나만으로 현지인과 외국인의 구분이

가능하다. 오토바이 질주에 익숙한 현지인은 뒷자리에 앉아 양 손을 자유자재로 사용한다. 위험하게 달리는 오토바이 뒷자리에 비스듬히 앉아 휴대전화 문자를 보내는 젊은 방콕 처자의 모습을 보면 참 놀랄 노 자다. 미니스커트를 입고 한쪽으로 비스듬히 앉아 가는 여대생의 모습이 개인적으로는 방콕에서 가장 섹시한 모습이라고 생각한다.

누군가 오토바이 뒷자리에 앉아 손으로 납짱의 허리나 뒤쪽 손잡이를 불끈 잡고 있다면, 그 사람은 외국인일 가능성 백프로! 납짱을 나름대로 많이 타봤다고 자부하는 필자부터 이 손잡이가 부서져라 부여 잡는다. 마음의 여유는 생겼지만(또는 겁대

리는 오토바이 위에서 문자 메시지를 보낼 만큼 그녀들의 균형 각은 탁월하다. 위험에 대한 공포가 우리보다 훨씬 덜한 탓일지 는 모른다.

납짱에게 몸을 맡기면 손잡이를 꼭 잡아야 한다. 멋은 없어도 최소한의 안전을 위해서. 물론 이 안전수칙을 지키는 것은 외국인들뿐이지만.

가리가 살짝 없어진 거든가), 역시 오토바이 주행은 무섭다. 특히 자동차 사이를 이리저리 빠져나가느라 좌우로 휘청거리거나 앞길이 탁 트였을 때 순간적인 가속을 할 때에는 오금이 살짝 저리다. 죽음이 두렵지 않은 '다크 나이트'가 아니라면 손잡이 꼭 잡자.

납짱은 매우 유용한 사람들이다. 간단한 심부름이나 장도 봐준다. 택시 기사가 길을 헤맬 때에는 그 동네 납짱에게 물어보는 게 상책이다. 적어도 그 동네에 관한 한 모르는 게 없는 사람들이 납짱이기 때문이다. 하지만 무서워질 때도 있다. 가끔 음지의 청부를 받고 해결사로 돌변하기도 한다. 클럽에서 술에 취해 진상을 부리는 한국의 열혈 청년이 뒷골목으로 끌려가 개처럼 두들겨 맞았다면, 그 주인공들이 납짱일 확률이 높다.

생각해봐라. 무에타이의 나라다. 무에타이 익히신 또는 심지어 선수 출신인 납짱이라면 공포다. 대한민국 군대 객기 정도는 가볍게 제압하신다. 그러니 방콕에서, 특히 납짱 앞에선 진상 떨지 말 것. 참 다행인 점은 대낮에 만나는 납짱들은 모두 유머 감각 넘치고 친절하다. 카메라를 들이대면 예외 없이 손을 흔들어주거나 포즈를 취해준다.

사람들이 어디론가 가고 싶어 하는 곳에서 납짱이 대기한다. BTS역 앞, 대중교통이 끊기는 곳, 시장 길목 등이다. 그들은 낯선 카메라를 향해 손을 흔들어주기도 한다.

BTS

도심의 허공을 관통하는
BTS 시설은
도시 미관상 칭찬받기 힘들지만,
이동의 편의성만큼은 압권이다.
가장 막히는 구간을
가장 빠르게 이동할 수 있다.

90년대에 방콕과 처음 만났다. 동남아에서 사업을 해본 회사 선배의 부추김으로 여름휴가를 다짜고짜 방콕으로 정했다. 당시 방콕 시내에는 뚝뚝이 정말 많았다. 워낙 이국적인 교통수단이어서 첫 방문 내내 뚝뚝의 뒤에 앉아 각종 매연을 듬뿍 마시고 돌아다녔다. 하지만 1999년 지상철인 BTS(스카이라인)가 개통되면서 뚝뚝 전성시대는 막을 내렸다.

사람들은 더 이상 앞뒤가 막혀 오도 가도 못하는 방콕 도로에서 뚝뚝을 이용하지 않는다. 세월의 흐름은 뚝뚝을 교통수단에서 관광 상품으로 변화시켰다. 덕분에 뚝뚝 요금도 엄청나게 비싸졌다. 이젠 웬만한 거리는 200바트를 부른다. 생계형 교통수단이 아닌 지금은 더 이상 값을 깎아달라는 관광객의 흥정에 대꾸하지 않는다. 타려면 타고 아님 말고 식이다.

BTS. 지상철. '스카이라인'이라고도 부른다. 방콕에서 가장 교통체증이 심한 수쿰빗 지역을 따라 뚫려 있어 시민은 물론 외지인으로부터 압도적인 사랑을 받는다. 오싹해질 만큼 차가운 에어컨과 교통체증 없이 내달리는 효율성이 발군이다. 장기 체류자라면 선불식 카드가 이득이지만 단기 체류자 또는 택시와 오토바이도 혼용하는 사람은 1회권을 구입하는 편이 마음 편하고 좋다. 티켓은 역 내에 있는 자동판매기에서 구입하는데 이놈의 기계가 5, 10바트짜

오토바이를 삼륜으로 개조한 택시. 지붕으로 덮여 있지만 창문이 없어 오픈카 기분을 낼 수 있다. 방콕의 명물인 만큼 초행길이라면 한 번 이용해보는 것도 좋은 경험이 된다. 단, 탑승 요금은 백프로 현장 흥정에 의한다.

노선과 이용방법은 http://www.bts.co.th/customer/en/main.aspx를 참조.

2012년 기준 하루 이용객은 약 60만 명이다. 이용객의 확대에 따라 차량 수도 늘어났다.

BTS가 개통된 이후 뚝뚝은 길거리에서 손님을 기다리는 시간이 많아졌다.
특유의 소음과 매연으로 기억된 뚝뚝을 이젠 더 이상 이용하지 않는다.

사방이 막힌 지하철과 달리 방콕의 BTS는 도시의 바람과 햇볕에 노출되어 있다.
차량 전체를 광고판으로 판매하는 상업적 노력만 아니라면 더 매력적일 수 있다.

리 동전만 드신다. 지폐만 있다면 창구에서 대기 중인 직원에게 동전으로 바꿔달라고 해야 한다. 매표소가 아니니 괜히 가서 돈 내면서 티켓 달라고 떼쓰지 마시길.

타지인의 이용 빈도가 가장 높은 구간은 싸얌(Siam) - 칫롬(Chit Lom) - 플론칫(Phloen Chit) - 나나(Nana) - 아속(Asok) - 프롬퐁(Phrom Phong) - 통로(Thong Lo) - 에까마이(Ekkamai)라고 할 수 있다. 두 개 노선이 만나는 곳은 싸얌 역이고, 아속 역에서는 지하철인 MRT로 환승할 수 있다. 단, BTS와 MRT는 티켓 호환이 안 되어 표를 따로 끊어야 한다. BTS 티켓은 신용카드 크기의 마그네틱 카드 형태이며 지하철 티켓은 원형의 플라스틱 칩처럼 생겼다.

싸얌(Siam)

쇼핑하려면 이곳 싸얌 역이다. 싸얌 파라곤, 싸얌 센터, 싸얌 디스커버리의 3대 쇼핑몰이 연결되어 있다. 길 건너편은 싸얌 스퀘어라고 해서 작은 가게들과 노점상이 빼곡히 들어차 있다. 싸얌 스퀘어에는 저녁시간이 되면 제대로 걷기 힘들 정도로 노점과 사람이 많아진다. '없는 거 빼고 다 있는' 마분콩 쇼핑센터도 이곳 역에서 내려 걸어갈 수 있다. 남성 관광객들이 이곳에 할

문의 창구에 항상 직원이 대기하고 있어 이 친구가 동전을 교환해준다. 티켓은 반드시 자동판매기에서 구입해야 한다. 구간마다 금액이 다르니 자동판매기에 붙어 있는 구간별 금액을 보고 선택하면 된다.

싸얌 센터를 소유한 '싸얌 피왓'과 엠포리움을 소유한 '몰 그룹'이 공동 개발한 대형 쇼핑몰. 싸얌 BTS역에서 곧바로 연결된다. 무지막지하게 큰 극장(15개 관)과 아쿠아리움, 쇼핑센터, 푸드 코트 등을 갖추고 있다. 크고 시원해서 좋은데, 담배를 피우려면 아예 건물 밖으로 나가야 해서 불편하다. 일본 서점 '키노쿠니야'가 있어 영어, 일본어, 중국어 서적을 다량 보유하고 있다. 싸얌 파라곤에서 싸얌 센터로 연결되는 공간에 광장이 있어 다양한 이벤트가 펼쳐진다. 이곳에서 원조교제 대상을 찾는 여대생들이 많다는 소문.

싸얌 역. 도심의 허공을 관통하는 BTS 시설은 도시 미관상 칭찬받기 힘들지만, 이동의 편의성만큼은 압권이다. 가장 막히는 구간을 가장 빠르게 이동할 수 있다.

수 있는 일은 딱 두 가지. 스타벅스, 트루커피 등 커피 전문점에서 수다 떠는 일, 그리고 쇼핑 나온 방콕 미녀들을 구경하거나 작업을 거는 일이다. 싸얌 스퀘어에는 풋풋한 여대생들이 많고, 싸얌 파라곤에는 **명품숍**이 많아서 때깔 좋은 부잣집 처자들이 많이 모인다. 단, 부잣집 자녀분들께서는 돈 없는 외국인 관광객에겐 별 관심이 없으시다.

칫롬(Chit Lom)

에라완사원과 어마어마한 규모의 쇼핑센터인 센트

BTS 창밖으로 시내 관광명소가 스쳐 지나가기도 한다. 칫롬 역과 싸얌 역 사이 구간에서는 에라완사원의 모습을 볼 수 있다. 언제나 불상을 향해 기도를 올리는 사람들로 가득하다.

럴 월드로 연결된다. 에라완사원은 토지의 신을 모시는 곳인데, 소원 성취 효험이 좋다고 소문이 나서 연일 현지인의 행렬이 끊이지 않는다. 지은 죄 또는 바라는 게 많으신 분들께선 이곳에서 넙죽 엎드리시면 된다. 센트럴 월드는 말 그대로 쇼핑센터다. 크고 시원하고 깨끗하다. 물론 남자가 할 일은 여자 구경 외엔 없다. 쇼핑몰 북쪽 끝에 자리 잡은 센타라 호텔 55층 옥상에는 레드 스카이 바가 있다. 남자끼린 가지 말고 커플 또는 방콕 여인을 꾈 때 이곳을 이용하면 된다. 가격은 청담동이나 가로수길 수준이니 너무 쫄지 않아도 된다. 맥주 한 병에 12,000원 정도?

나나(Nana)

BTS 스피커를 통해 "나나~"라는 안내방송이 인상적인 역이다. 출싹거리는 외국인 관광객들은 이 "나나~"를 흉내 내면서 재미있어라 한다. 2번 출구로 내려가서 쭉 걸어가면 수쿰빗 쏘이 4가 나온다. 주유소와 맥도날드 직전에 좌회전해서 들어가면 아가씨 앉히고 노는 펍이 늘어서 있다. 조금만 더 가면 왼쪽에 그 유명한 '나나 엔터테인먼트 플라자', 즉 아고고바 밀집구역이 나온다. 저녁께 가면 워낙 번쩍거려서 금방 눈에 들어오니 못 찾을 걱정은 붙들어 매라. 전설적인 아가씨 직업 업소인 '테메'도 나나 역에 내려서 아속 BTS역 방향으로 걷다 보면 나온다. 숙박 시설이 밀집되어 있으며 저녁이 되면 인도를 따라 노점상들이 거리를 환하게 밝힌다.

아속(Asok)

지하철 수쿰빗 역으로 갈아탈 수 있다. 터미널 21이란 대형 쇼핑몰로 직접 지상 2층으로 연결된다. 그 옆에 로빈슨백화점이 있고, 건너편에는 타임스퀘어로 연결된다. 타임스퀘어 쪽으로 나가서 조금만 걸어가면 수쿰빗 쏘이 12에 한인상가가 있다. 한국 음식 먹으려면 이곳을 이용하면 된다. 한국식 당구장, 피시방, 사우나 등이 모여

아속 역. BTS 역사 내 어디든 광고판으로 판매된다. 차량 내부에 설치된 작은 LCD 화면에서도 TV 광고가 방영된다. 세계 어디든 그곳의 광고를 구경하는 것도 쏠쏠한 재밋거리 중 하나다.

있다. 태국 음식이 별로인 사람은 스트레스받지 말고 한인상가를 이용할 것으로 권고한다. 자고로 먹는 걸로 고통받으면 말짱 꽝이다. 아속 사거리에 시티은행 현금인출기가 있다. 이곳에서 현금서비스 받는 편이 한국에서 환전하는 것보다 싸다. 씨티은행을 지나서 조금만 걸어가면 또 다른 '아고고바' 밀집구역인 쏘이 카우보이가 나온다.

> 원래 씨티은행을 이용해서 그런지도 모르겠다. 어쨌든 한국에서 '1바트=39원'이었는데, 이곳에서 현금 서비스를 받았더니 '1바트=36원'이라고 찍혀 있었다. 한국에 와서 잽싸게 갚으면 이익이다.

프롬퐁(Phrom Phong)

이곳부터 통로, 에까마이에 이르기까지 일본 색채가 매우 강하다. 역에서 럭셔리 백화점인 엠포리엄으로 직접 연결된다. 백화점과 사무공간, 주거시설까지 갖춘 주상복합이다. 1층 로비에는 고급 찻집이 있어 멋 내기 좋다. 8층에 있는 예술, 디자인 관련 도서관은 외국인에게도 큰 인기를 끈다. 이곳에서 작업을 시도하는 것도 나쁘지 않다. 엠포리엄 길 건너편에는 맛난 노점 식당과 중저가 호텔들이 모여 있다.

통로(Thong Lo)

통로 역. 곧게 뻗어 있는 덕분에 이전 구간 플랫폼이 시야에 들어온다. 기다림의 해소방법 중 하나로 시민들은 저 멀리서 미끄러져오는 차량을 구경하기도 한다.

역에서 내려 북쪽 방향으로 도보 20분, 오토바이 5분(20바트) 거리에 형성된 통로는 방콕 최고의 핫 스팟이다. 쏘이 8, 10, 12, 13을 천천히 걸어 다니면 고급 레스토랑과 세련된 카페, 옷가게들이 곳곳에 자태를 뽐내고 있다. 오봉빵과 맥도날드 간판이 크게 있는 곳은 약속장소로 애용된다. 쏘이 10에서 오른쪽으로 꺾어져 들어가면 뮤즈, 펑키 빌라, 데모 등의 때깔 좋은 클럽이 나온다. 한 블록 끝 왼쪽에 낭렌이 있다. 참고로 클럽에서 여인을 작업했는데 알고 보니 통로에 있는 맨션에 살더라, 하면 무조건 친하게 지내자. 그녀는 상위 5퍼센트일 가능성이 매우 높다.

에까마이(Ekkamai)

새로 개장한 게이트웨이라는 쇼핑몰이 있다. 고급스럽지만 이곳 역시 왜색이 강하다. 3층에 있는 식당가는 전부 일본식이다. 1층에 있는 푸드 코트는 고급스러운 시설에 비해 가격이 저렴해 장기 체류자에겐 매우 유용하다. 에까마이 고속터미널도 이곳에서 내려서 가면 된다. 게이트웨이를 바라보면서 오른쪽 방향으로 있다. 파타야로 가는 시외버스를 바로 이곳에서 탄다. 북쪽 방향으로 걷다 보면 유명한 스키야키 전문점인 'MK스키'와 인기 마사지 업소인 '헬스랜드'가 나온다. 멤버십 클럽 '쇼빗'도 이쪽에 있다. 하지만 걸어 다니면서 구경할 만큼 볼거리가 많지는 않다.

시내에서 다소 거리가 있는 관광명소까지 BTS는 당신을 시원하고 빠르고 편리하게 실어준다. 주말만 들어서
는 거대한 짜투짝 시장도 그중 한 곳이다.

실롬(Silom) 라인의 세판 탁신역(Sephan Taksin)에서 내리면 차오프라야강 위를 미끄러질 수 있는 나루터에
닿는다. 방콕에서의 뱃놀이(?)는 빼면 섭섭한 코스 중 하나다.

구글은 위대하다. 구글맵에 가면 방콕 전역의 지도와 함께 '스트리트 뷰' 서비스를 제공한다. 숙소를 고를 때, 구글맵에서 해당 지역을 사진으로 미리 확인할 수 있다. 출장 갈 때도 마찬가지다. 만약 상사와 함께 출장을 가게 된다면, 방문지와 숙소를 구글맵으로 일단 스캔해두면 편할 뿐 아니라 현지에서 칭찬받을 수 있다. 사회생활에 있어서 상사의 칭찬과 만족*은 밥만큼 중요하다. 구글맵을 이용해 사전에 조금만 살펴보면 숙소 근처에 식당, 편의점 등 유용한 현지 정보를 쉽게 얻을 수 있다.

* 구글 맵 http://maps.google.com
  (주요 키워드 : Thailand, Bangkok, BTS, Asok, RCA 등)

마사지

방콕에서는 '닥치고' 마사지다.
머리부터 어깨,
발 또는 전신을
힘과 기를 겸비한
아주머니 마사지사에게 맡기면
인생이 아름다워진다.

그렇다. 방콕에서는 '닥치고' 마사지다. 머리부터 어깨, 발 또는 전신을 힘과 기를 겸비한 아주머니 마사지사에게 맡기면 인생이 아름다워진다. 양쪽 어깨 위에 천근을 얹어놓고 살아가는 대한민국 샐러리맨들로서는 태국 여행에서 마사지를 절대로 빠트릴 수 없다.

마사지라는 단어는 한국에서 참 고생이 많다. 괜히 낯선 곳에 와서 엉뚱한 어감을 얻어 민망해하고 있다. '안마'라고 써놓으면 더 야해진다. 암바는 멋진 기술이지만 안마는 낯 뜨거운 서비스로 통한다. 예전에 유럽에서 한국 여대생들과 친하게 지낸 적이 있다. 그 친구들과 한참 수다를 떨다가 화제가 한국의 어른 문화로 옮겨갔다. 정말 놀랐다. 그 친구는 자기가 살고 있는 아파트 바로 앞에 퇴폐업소가 있다는 사실을 전혀 모르고 있었다. 그 업소는 '안마시술소'라는 간판을 달고 있었고, 그 안에서는 하드코어 섹스 서비스가 제공되고 있었다. 유흥가 주변도 아니었다. 잘난 사람들이 모여 사는 강남 한복판이었다. 한국은 참 이해할 수 없는 구석이 너무 많다. 미안하다. 마사지 이야기하다가 삼천포로 빠졌다….

다시 방콕으로 가자. 알다시피 방콕에는 마사지 업소가 무척 많다. 길을 걷다 보면 편해 보이는 가죽 의자에 길게 드러누워 행복하게 발 마사지를 받고 있는 외국인 여행객의 모습을 흔하게 본다. 한 시간짜리 발 마사지를 받으며 잠깐 눈을 붙이면 무척 행복하다. 너무 길지도 않고 딱 한 시간이면 몸 밖으로 빠져나갔던 원기가 재충

통로의 길거리. 사람의 발걸음이 끊이지 않는 곳이라면 어디든지 마사지 업소를 발견할 수 있다. 숙소 근처에 솜씨 좋은 업소를 발견하는 것은 대단한 행운이다.

마사지는 따듯하고 편안하다. 평온하고 조용하다. 잡생각을 떨치고 그냥 의자와 바닥에 몸을 누이고 편히 쉬면 된다.

전되는 느낌이다. 마사지 그 자체도 좋지만, 방콕처럼 더운 곳에서는 대낮에 잠깐 맛보는 '조각 잠'이 더할 나위 없이 매력적이다.

방콕의 일정은 언제나 마사지로 시작된다. 이곳에 왔다는 사실을 세상에 선포하는 일종의 성스러운 의식이다. '몇 달 동안 수고했으니 이제 여기서 좀 쉬자'라는 자기 선포이기도 하다. 요즘 들어 한국에서도 마사지 업소가 많아졌다. 중국과 태국에서 온 전통 마사지라고 선전하는 곳도 늘었다. 얼마 전에 그런 업소도 알고 보면 매춘 서비스를 제공한다는 TV 뉴스를 본 적이 있는데, 모두 그럴 것 같지는 않다. 잘 모르겠지만 그렇게 믿고 싶다.

개인마다 취향이 다르겠지만, 방콕에서는 발 마사지를 추천한다. 이런저런 종류의 마사지를 받아봤지만, 역시 즉시적 효과라는 측면에서는 발 마사지만 한 것이 없었다. 머리와 어깨만 집중적으로 다루는 코스도 좋다. 메뉴판에 그런 상품이 없어도 리셉션에 부탁하면 어련히 알아서 뻐근한 뒷목과 양쪽 어깨 근육만 집중적으로 풀어준다. 은밀한 곳을 자극해달라는 부탁도 아니니 업소에서도 그 정도 요구는 흔쾌히 들어준다. 뜨거운 방콕 시내를 걸어 다니면서 지친 발바닥과 종아리 근육을 한 시간 정도만 어루만져줘도 그 효과는 대단히 만족스럽다.

어느 마사지 업소를 가야 하는가, 라는 기본적이고 당연한 의문

수쿰빗 대로변에는 현지 부유층과 외국인 체류자를 고객으로 삼는 고급 업소가 많다. 멤버십으로 운영되는 곳도 많아 단기 여행자들은 이용하지 못할 수도 있다.

방콕에서 유동인구가 가장 많은 곳 중 하나인 싸얌 스퀘어에도 마사지를 받을 수 있는 곳을 찾기란 어렵지 않다. 발길 닿는 대로 걷다 보면 선명한 글씨가 눈에 들어온다.

이 든다. 결론은 겉모습이 그럴 듯한 곳이라면 어디든 지 상관없다는 것이다. 물론 카오산이나 수쿰빗에는 보잘것없는 실력으로 외국인 손님만을 상대하는 씨구 려 업소도 많다. 반대로 여행 책자나 인터넷을 통해 널리 알려진 헬스랜드, 보디튠 등의 유명 업소도 있 다. 마사지사를 육성하는 '왓포'에서 직접 운영하는 곳을 찾아가라는 팁도 인터넷상에 많다. 이곳저곳 다 녀본 후, 한 가지 결론을 얻었다. 대부분의 관광객들에겐 '멀쩡하게' 생긴 업소면 어디든 상관없다는 것이다. 한국의 절반 가격대이니만 큼 어떤 업소에서 어떤 코스를 받아도 일단 만족도가 높다. 누워 있 으면 양옆에서 이런 대화가 들려온다.

"야, 이 아줌마 손힘 끝내주네."

"이거 얼마라고 했지?"

"두 시간에 2만 원?"

"한국보다는 엄청나게 싸네."

"내일도 여기 다시 와야겠다, 야."

서비스의 마지노선을 보장받고 싶다면, 일본인이 모여 있는 프롬 퐁, 통로, 에까마이 주변의 마사지 업소를 찾으면 된다. 일본인 특유 의 까다로움을 만족시켜주는 곳이라면 틀림없이 한국인의 기대치도 만족시킨다. 인기업소인 보디튠(BodyTune)이나 헬스랜드(Health Land)는 여행책의 도움을 빌릴 것 없이 해당 홈페이지에서 정보를 얻으면 된다.

여기저기 정보에 따르면, 이런 곳에 가려면 꼭 사전에 전화로 예약하라는 말이 많은 것 같은데, 지금까지 가서 기다려본 적은 한 번도 없다. 하지만 "나는 기다림이 세상에서 제일 싫다"는 분들도 계실 테니 각자 알아서들 예약을 챙기시길 바란다. 헬스랜드는 고급스러운 느낌이 나고 가격대도 약간 비싸다. 방콕 5년차 C선생은 헬스랜드를 형편없는 곳이라며 저주했다. 현지인은 절대로 가지 않는 곳이라고 한다. 개인 취향이니 굳이 그 말을 철석처럼 믿을 필요는 없다. 싼 마사지 업소를 찾는다면 BTS 온늣(On Nut) 인근에 있는 로컬 업소를 이용하면 된다. 현지인들이 가는 곳이니만큼 저렴하고 실력도 좋다.

방콕은 더워서 관광객은 점심을 먹고 오후 3~4시 정도가 되면 진이 빠진다. 시간을 쪼개 놀러 온 여행자라면 시간을 필사적으로 쪼개야 하기 때문에 어쩔 수 없는 운명이다. 4박6일로 와서 한가롭게 선탠을 즐기고, 브런치를 음미하고, 낮잠에 빠져들 순 없다. 최대한 체력을 조절하면서 시간을 효과적으로 사용해야 한다. 휴가가 그렇게 짧을 수밖에 없다는 현실이 무척 불만이다. 그래도 어쩌겠나. 대한민국에서는 다들 그렇게 사는걸.

어쨌든 오후 시간이 되어 힘이 빠졌다 싶으면 주저하지 말고 마

방콕에는 일본인 커뮤니티가 거대하게 형성되어 있다. 마사지 업소도 일본인을 위한 편의가 잘 갖춰져 있다. 소비력을 따라가는 자연스러운 현상이다.

사지를 받자. 오후 4~5시 정도에 찜해봤던 마사지 업소, 아니면 눈에 띄는 적당한 곳을 찾아 들어가서 한 템포 쉬면 참 좋다. 걸어 다니면서 장딴지와 발목, 발바닥에 들러붙은 피로를 끄덕끄덕 졸면서 떼어내자. 아예 숙소 근처에 있는 업소에서 한 시간 정도 쉰 뒤, 방에 들어가 샤워를 하고 새 옷으로 갈아입은 뒤 방콕 길거리도 나오면 하루가 다시 시작되는 느낌이다.

밤에 힘을 많이 쓰러 방콕에 왔다면 더더욱 마사지는 필수적이다. 낮 동안 체력을 몽땅 소비하면 클럽에 가서 집중할 수가 없어진다. 자랑스러운 프리미어리거 박지성이 아니라면 당신의 심장은 한 개, 폐는 두 개뿐이다. 쓰면 닳는다. 쓰고 보충하고 또 쓰고 보충해

라차다 대로변에 당당
하게 서있는 거대한 건
물 전체가 성인용 마사
지를 제공한다. 참고적
으로 한국처럼 방콕에
서도 어른들의 놀이는
법으로 금지되어 있는
행위.

일본식 성인 마사지숍. 방콕에 처음 와본 사람도 한눈에 정체를 짐작할
수 있게 만드는 '친절한' 간판이 많다. 호기심이 발동하면 자신 있게 문
을 열고 들어가자. 다행히 물어만 보고 나온다고 해서 시비를 걸 만큼
방콕은 살벌하지 않다.

야 한다. 오버페이스하면 힘 떨어지고 짜증난다. 물론 대낮부터 어른들의 마사지를 받을 수도 있다. 남자들을 위한 대형 안마 업소는 라차다 지역에 모여 있지만, 수쿰빗과 실롬에도 간판부터 섹시한 마사지 업소를 쉽게 찾을 수 있다. 아닌 척하면서 그곳을 슬쩍슬쩍 건드려서 손님의 마음을 뒤흔드는 노련한 마사지 업소도 있으니 재주껏 이용하시라.

음식 ①
팍치

태국 음식의 간판타자는
똠양꿍이다.
그런데 여기에도 팍치가 들어간다.
심지어 결정적이고 치명적이다.
바르셀로나에 리오넬 메시가
있고 없고의 차이다.

"마이 싸이 팍치 캅."

'방콕' 쟁이들 대부분 기본적으로 할 줄 아는 서바이벌 태국어. "팍치를 빼주세요"라는 뜻이다. 주로 면류와 탕류를 주문할 때, 이 간단한 한 문장을 사용하는 한국인이 의외로 많다. 우리말로 '고수' 라고 하는데, 이 녀석 향과 맛이 참 독특하다. 유니크한 만큼 이방인 한국인의 미각을 자극한다. 좋게 그리고 나쁘게.

태국 음식의 간판타자는 똠양꿍이다. 새우, 버섯, 생강, 야채 등이 들어간 붉은 색깔의 탕 요리다. 똠양꿍이 세계 3대 스프 중 하나로 꼽혔다는 이야기는 누구나 한 번쯤 들어본 적이 있다. 그런데 여기에도 팍치가 들어간다. 심지어 결정적이고 치명적이다. 바르셀로나에 리오넬 메시가 있고 없고의 차이다. 팍치 유무에 따라 똠양꿍의 맛과 향 그리고 분위기가 달라진다. 그래서 오호 통재라! 한국인 중에는 이 태국 요리의 자존심을 거부하는 사람이 적지 않다.

방콕에서의 마지막 식사로 똠양꿍을 주문했다. 한국 가면 가장 생각나는 음식인데다 서울에서의 똠양꿍은 너무 비싸서 못 먹는 메뉴다. 그러니 '리빙 방콕(Leaving Bangkok)'의 마음을 달래는 데에는 제격이다. 그런데 동석했던 한국 처자 동지께서 한 말씀 하신다.

"어머, 똠양꿍 먹는 한국 남자 처음 봤어요."

평범한 식당에서 맛보는 일상적인 돔양꿍이 맛있다. 그릇의 크기도 마음에 들고 국물 속에 잠겨 있는 새우와 생강도 맛있다. 한번 속는 셈치고 먹어봐도 손해 보지 않는다.

중심가의 인도 위에서 한낮에 식사를 해결한다. 위생 따위 신경 쓰지 않고 간편함과 톡 쏘는 맛을 추구한다. 천 원 정도로 뜨끈한 국수를 후루룩 들이킬 수 있다.

숙소 들어가는 길목에서 아주머니의 손길이 느껴지는 볶음 덮밥을 먹어본다. 색깔과 모양은 이국적이지만 자극적인 맛은 친근감을 느낀다.

난 그냥 돔양꿍을 먹었을 뿐인데, 갑자기 대단하고 드문 한국인이 되었다. 어쨌든 신기한 눈빛과 붉은 국물에 담긴 새우의 몸통을 함께 씹어 먹었다.

반복하지만, 개인적으로 솔직히 신체오감 중 미각은 거의 절망적이다. 좋아하는 것만 먹는 '초딩' 입맛이다. 쌀밥, 김치, 떡볶이, 떡국, 피자, 파스타, 다섯 가지만 있으면 평생 살 수 있다. 이외의 메뉴는 사실 맛 구분을 잘 하지 못한다. 심지어 닭과 물고기는 아예 먹지 않는다. 음식 선택의 폭이 무척 좁다. 무식하면 용감하다고, 그래서 해외에 나가면 테이블 위에 대령하는 미지의 메뉴를 넙죽넙죽 잘도 먹는다. 돔양꿍을 처음 먹었을 때, 매콤 쌉싸름한 이 녀석이 맛있었다. 특이한 향과 맛의 비밀이 팍치였다는 사실을 알게 된 것도 꽤나 시간이 흐른 뒤였다. 천만다행으로 나는 태국 음식을 잘 먹는 '드문' 한국인이 되었다.

인터넷을 뒤져보면 팍치 혐오증을 한탄하는 목소리가 많다. 태국 음식의 참맛을 알려면 팍치에 적응해야 한다, 팍치를 빼달라고 하는 것은 대단히 무례한 처사다, 팍치도 자꾸 먹어보면 괜찮아진다 등등이다. 그 나름대로 충분히 일리가 있는 주장이다. 한국까지 와서 "전 매운 음식을 먹지 못하니 고추장, 고춧가루, 청양고추 등은 사절합니다"라고 말하는 외국인을 볼 때, 우리는 '젠장, 한국 왜 왔어?' 라고 생각할 게 뻔하다. 태국에 가면 한 번쯤 팍치에 도전해보는 것도 나쁘지 않다.

그런데, 역지사지(易地思之)란 말이 있다. 쉽게 말해 입장 바꿔 생각해봐야 할 필요가 있다는 뜻이다. 거꾸로 팍치 혐오증을 개탄하는 의견에 이런 질문을 던지고 싶어진다. "아까운 시간과 돈 들여 온 여행에서 싫어하는 음식을 왜 먹어야 하죠?"라고. 난 재미있게 놀려고, 마음 편하게 쉬려고 방콕에 왔을 뿐인데, 태국의 맛을 대표한다는 이유만으로 나의 음식 취향을 잠시 포기해야 한다는 말인데, 그건 '억지'다.

입고, 먹고, 자는 것은 인간 생존의 기본 중 기본이다. 이 세 가지가 만족스럽지 못한 여행은 절대로 성공할 수 없다. 바꿔 말해 여행에서는 의식주에 대한 신경을 쓰지 않고 스트레스도 받지 말아야 한다. 하기 싫은 것을 억지로 해야 하는 여행은 여행이 아니라 출장이고 군대다. 입에 맞지 않는 팍치를 강요하지 말자. 팍치로 상징되는 태국 음식이 내 입에 맞지 않는 게 개인의 잘못도 아니고. 그렇게 생겨먹은 사람인 걸 어쩌겠나? 여행이라면 내가 먹고 싶은 음식을 실컷 먹는 게 최고다. 어머니께서 말씀하신다.

"객지에 나가선 밥을 든든히 챙겨 먹어야 해"라고. 우리 모두 효자 되자.

싸얌 파라곤 지하층의 푸드 코트로 가면 위생 걱정하지 않을 만큼 깔끔한 먹을거리가 제공된다. 에어컨이 가동되는 만큼 길거리 식당과 같은 가격일 리가 없다.

한국의 젊은 여성 여행자들의 성지로 자리 잡은 한 솜탐 식당. 〈뉴욕타임즈〉에서 절찬한 뒤로 초절정 인기를 구가한다. 언제 가도 문밖에서 한참을 기다려야 차례가 온다. 아저씨 그룹과는 어울리지 않는 곳이다.

팍치가 입에 맞지 않는다면, 더 이상 스트레스받지 말고 주저 없이 한식당을 찾는 게 제일 속 편하다. 제육볶음이면 어떻고, 삼겹살이면 어떠랴. 내 입맛에 맞는 먹을거리로 배를 채워 생긴 에너지를 다른 곳에서 어떻게 재미있게 쓰느냐가 여행에선 가장 중요하다. 영양 흡수가 지지부진하면 피로도 가시지 않고 짜증난다. 그런 상태로 어떻게 방콕에서의 시간을 즐길 수 있겠는가?

이 지점에서 살짝 아쉬워지는 현실은 방콕의 한국 음식 가격이 약간 비싸다는 사실이다. 서울 시내와 거의 비슷한 금액이다. 인스턴트 라면에 야채 좀 넣어 나오는 뚝배기 라면도 200바트(7천 원 정도)다. 맛은 어떠냐고? 당연히 한국의 맛집보다는 맛이 없다. 하지만 방콕에서 한국 본토보다 더 맛있는 한식을 먹고 싶다는 바람 자체가 오류라고 믿는다.

방콕 한식당에서 식사를 끝마친 단체 여행 그룹의 어르신들께서 이쑤시개를 입에 물고 나오시면서 한 마디 하신다. "에이, 여긴 국물이 아니다"라고. 세상에! 제대로 된 된장 국물은 한국에서 찾아야 한다. 그래도 아깝다고 생각하지 말고, 먹고 싶은 걸 먹는다는 사실에만 집중하자. 재미있게 놀려면 먹는 행위가 편해야 할지어다.

팍치를 먹지 못하는 한국인을 보면서 안타까워할 수는 있겠지만, 비난하진 말자. 미각은 노력한다고 개선되지 않는다. 일반인이라면

"뭐 먹을까?"라는 고민하며 시간 허비하느니 차라리 한인상가에 가서 입에 맞는 음식으로 배를 채우는 것도 나쁘지 않다. 뜨끈한 된장찌개에 쌀밥 그리고 김치와 나물.

더 그렇다. 그렇게 생겨 먹은 미각, 그냥 그렇게 살아가게 놔둬야 한다. 그게 옳다. 혀의 취향은 어디까지나 개인의 문제다. 제아무리 음식 전문가가 추천하는 식당이라고 해서 내 입맛에 맞는다는 보장은 없다. 분위기가 좋아 유명해진 곳도 적지 않고.

수쿰빗에 어떤 식당이 있었다. 두어 번 갔는데, 갈 때마다 음식도 정말 늦게 나오고 맛도 별로였다. 갈 때마다 기다림에 지친 외국인 손님이 "지저스 크라이스트!"라며 냅킨을 집어 던지고 나가버리는 광경을 목격했다. 이런 곳이 장사가 되는 게 참 용하다 싶었다. 나중에 방콕 여행책에서 보니 그곳의 이름이 '수다 레스토랑'이고 굉장히 맛있는 곳이라고 소개되어 있었다. 엉터리 정보라고 힐난하는 게 아니라, 그만큼 미각과 의견은 주관적이라는 뜻이다. 남이 하는 말 너무 믿지 말고 본능에 충실하자. 해외여행까지 가서 내 자신을 필요 이상으로 실험해볼 필요는 없다. 방콕은 군대가 아니니까.

음식 ②
뭐 먹을래?

음식 맛은 손님 숫자와 비례한다.
맛있는 음식을 먹고 싶으면
현지인이 많이 앉아 있는 곳을
찾아 들어가라.
외국인이 많은 곳은
절대로 이용하지 말 것.

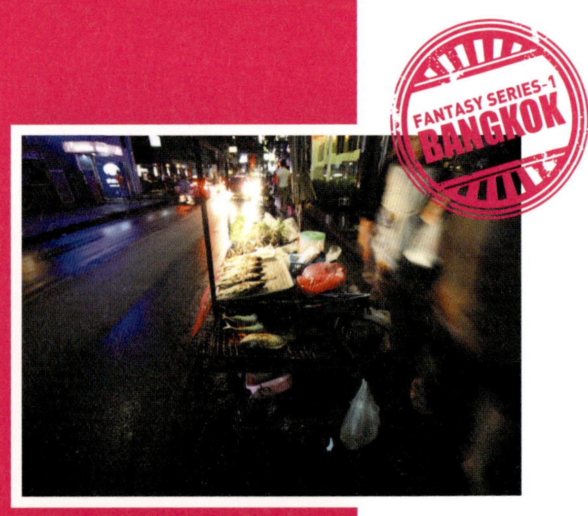

대부분의 사람들에겐 먹는 일이 중요하다. 설날에 맞춰 귀경한 자식을 본 어머니의 첫 물음도 "밥은 잘 챙겨 먹고 다니니?"라는 말이다. 얼마나 중요하면 송강호가 연쇄 살인 용의자에게 마지막에 던진 말도 "밥은 먹고 다니느냐?"였을까.

여행 가도 마찬가지다. 잘 먹고 다녀야 한다. 정확히 말하면 두 가지 뜻이다. 고메이 여행자는 맛난 음식을 쏙쏙 잘 뽑아 먹어야 하고, 나처럼 음식에 별 관심이 없는 여행자는 먹는 행위에 최대한 신경을 덜 써야 한다. 그게 '잘 먹고 다니는' 일이다.

방콕에서 먹는 행위도 둘로 나뉜다. 에어컨이 들어오는 실내에서 먹느냐, 아니면 노점에서 먹느냐의 두 가지 방법이다. 전자는 시원하지만 비싸고, 후자는 비위생적이지만 싸다. 대형 쇼핑몰이나 깔끔해 보이는 '실내' 식당의 금액대는 대략 한국과 비슷하다.

싸얌 파라곤, 엠포리움 등의 고급 쇼핑몰에 입점한 일본 식당에서 한 끼를 해결하는 가격대는 대략 300바트(한화 약 1만 원) 정도다. 시원하고 청결하고 맛도 있다. 금액적으로는 사실 '비싸다'고 할 수 없지만, 물가가 저렴한 여행지라는 인식 탓에 괜히 손해 보는 기분이 든다.

대형 쇼핑몰의 푸드 코트

시원한 에어컨 바람을 맞으며 배를 채울 수 있는 가장 싼 방법. 대형 쇼핑몰의 푸드 코트. 여행자의 특권은 정해진 점심식사 시간으로부터 자유롭다는 점. 직장인과 겹칠 일이 없으니 한산함을 찾아 여유 있게 식사를 할 수 있다.

실내에서 저렴하게 끼니를 해결할 수 있는 곳은 대형 쇼핑몰의 푸드 코트다. 에까마이 BTS역에 있는 쇼핑몰 게이트웨이(Gateway)의 푸드 코트가 대표적이다. 근사한 인테리어와 달리 금액대가 착하다. 식사와 음료를 포함해서 두당 100바트 정도면 된다. 태국 음식 특성상 배가 부르진 않지만, 허기를 채울 순 있다. 마분콩 센터 3층에 있는 '사부시'란 스키야키 식당도 추천할 만하다. 1시간 15분의 시간제한으로 마음껏 먹을 수 있는

구글맵에서 'Gateway Ekkamai'라고 검색.

BTS 실롬 라인의 종점인 '국립경기장' 역(National Stadium Station)'에서 연결된다. 수쿰빗 라인의 싸얌 역에서 내려서 걸어가도 된다.
이곳(http://www.mbk-center.co.th/en/home/index.php) 5, 6층에 가면 엄청나게 많은 식당들이 모여 있다.

자기 몸 속 위장 크기를 측정해보고 싶으면 스키야키 뷔페를 강추. '사부시'에서 정해진 시간과 가격 (11,000원 정도) 내에서 폭풍 흡입의 자유를 만끽한다. 그 대신 입장 시간에 대한 인내도 필요하다.

뷔페 방식인데 두당 399바트, 한국 돈으로 만 원 정도면 배가 터지게 먹을 수 있다. 음식 빨리 섭취하는 거 따지면 한국인이 '짱'이니까 배가 터지고도 시간이 남는다.

노점 식당

가장 싼 방법은 노점 식당이다. 방콕 시내의 길거리 곳곳에는 노점상들로 가득하다. 인도 위에 버젓이 간이 테이블을 차려놓고 간단한 요깃거리를 판다. 면이나 덮밥류가 주를 이루고, 가격대는 30바트에서 50바트(1~2천 원) 정도 된다. 방콕 어느 곳에 가도 많으니 못 찾을 걱정은 필요없다. 프롬퐁 BTS역(수쿰빗 라인) 주변에는 맛있는

방콕의 별미는 길거리에서 발견된다. 시끄럽고 바로 옆으로 택시와 오토바이가 매연을 뿜으며 지나가지만 방콕에서라면 한 번쯤 경험해도 괜찮다.

노점 식당이 많다. 노점 식당인 만큼 위생 면에서는 떨어지지만, 방콕의 강한 햇살이 살균작용을 해 오히려 위생적이라는 의견도 있다. 평일 점심시간이 되면 정장 차림의 현지 샐러리맨들도 이런 노점 식당에 삼삼오오 둘러앉아 식사를 하니 빈자의 밥상이라고 폄하하지 말자.

시푸드 레스토랑

공식 홈페이지는 여기 → http://www.somboonseafood.com/. 정확한 위치를 검색할 수 있다.

해산물을 좋아하는 여행객이라면 '솜분 시푸드(Somboon Seafood)'와 '쾅 시푸드(Kuang Seafood)'를 추천한다. 두 곳 모두 유명하고 인기 있는 식당이

해산물을 제대로 즐길 수 있는 고급(?) 레스토랑 솜분차이나. 방콕 시내 여러 곳이 있으니 각자 알아서 탐험하시길. 구글이 그대 갈 길을 보여준다.

다. 구글맵에서 이름만으로도 정확한 위치를 검색할 수 있다. 한국에서 발간되는 각종 여행서와 인터넷 상에서는 '쏜통포차나'가 유명하다고 소개되어 있다. 한국인 손님이 많아 메뉴판이 한글로 되어 있을 정도라고 한다. 솔직히 안 가봤다.

가보려고 했는데, 방콕 지인이 "거긴 왜 유명한지 모르겠어"라며 툴툴거려서 결국 못 갔다(난 귀가 정말 얇다). 안 가봤으니 당연히 평가도 불가능. 관심 있으신 분께서는 국내 포털사이트에서 검색하면 금방 나오니 참조하시라.

대한민국 회사원들은 짧디짧은 점심시간을 쪼개 눈에 불을 켜고 맛있는 점심 한 끼 먹으려고 애쓴다. 가끔 차를 타고 나가서 먹기도 한다. 택시를 타고 삼청동 수제비집을 찾아가고, 심지어 신당동에 가서 점심 때 마복순 할머니의 손맛을 음미하며 감탄사를 연발하기도 한다. 김포공항 앞 버섯 칼국수도 가끔 죽도록 먹고 싶어질 때가 있고, 오장동 비빔냉면도 직장인의 미각을 유혹한다. 실제 식사 시간보다 이동시간이 더 길 때도 있지만, 그 나름대로의 만족감을 얻을 수 있어 좋다.

여행 와서 시간과 여유와 느긋함이 충만한 상황에서는 누구나 그런 경험을 해보고 싶어 할 것 같다. 솔직히 나도 방콕 초보자 시절에는 이곳저곳 맛집이라고 나온 곳을 찾아 헤맸다. 낯선 이국땅에서 지도와 씨름해가며 찾아가는 행위는 지금도 나름대로 재미라고 생각한다. 한 번도 안 가본 외국에 나갔는데, 모든 게 착착 이루어지면 그것 또한 별로 재미가 없지 않겠나. 미식 여행자는 식당까지의 탐험과 그 끝에 맛보는 별미를 동시에 즐긴다.

그런데 나는 이젠 더 이상 식당 찾기에 에너지와 시간을 투자하지 않는다. 우선 더 이상 지도나 여행책을 손에 들고 다니지 않으며, 찾아가서 먹어본 곳 중에 "아, 정말 맛있다"라고 만족했던 적이 단 한 번도 없었기 때문이다. 물론 나의 혀가 거의 장애 수준이라서 그런지도 모른다. 어쨌든 직접 경험과 체득을 통해 내린 결론이다. 최소한 나는 나의 결정과 판단을 철석같이 믿는다.

게다가 지금껏 방콕에서 정말 맛있다고 생각된 곳은 전부 엉뚱한 싸구려 식당들이었다. 한번은 실롬을 너털너털 걷다가 방콕은행 옆

길거리표 생선구이 반찬. 사람이 모이는 곳이면 언제 어디서나 먹을거리를 살 수 있다. 물론 당신에 겐 위생상태가 의심스럽다며 거부할 자유도 주어진다.

석쇠 위에서 지글지글 타는 닭꼬치를 한 손에 들고 다니면 당신도 방콕인의 기분을 경험해볼 수 있다.

노점 식당을 발견했다. 저녁 시간이었는데 10개 정도 되는 테이블이 현지 직장인들로 꽉 차 있었다. 그냥 지나가면 후회할 것 같아서 자리가 날 때까지 기다렸다. 10분 정도 뒤에 자리에 앉아 메뉴판을 받았지만, '타이 랭귀지 온리' 였던 탓에 그대로 접고 손을 들어 돔양꿍과 흰 쌀밥 그리고 콜라를 주문했다. 가장 안전한 선택이자 조합이었다. 남태평양 마우이족 같은 풍모의 직원이, 정말 웃음이 나올 정도로 인자한 표정과 친절한 태도로 나를 서빙해줬다. 그리고 나온 돔양꿍은 믿을 수 없을 정도로 맛있었다. 싸구려 돔양꿍에서 맡을 수 있는 비린내도 나지 않았다. 천하일품 진국이었다.

음식 맛은 손님 숫자와 비례한다. 맛있는 현지식을 먹고 싶으면 현지인이 많이 앉아 있는 곳을 찾아 들어가라. 외국인이 많은 곳은 절대로 이용하지 말 것. 수쿰빗 쏘이 12 쪽 대로변에 옥외 식당이 한 곳 있다. 자리가 워낙 좋아서 언제나 만원이다. 그런데 눈물이 쏙 나오도록 맛이 없었다. 그곳은 언제나 외국인 관광객으로 붐빈다. 힘들다고 아무 곳이나 털썩 앉지 말고 조금만 주위를 둘러보면서 현지 손님이 가장 많은 노점 식당을 찾으면 열에 아홉은 맛있고 착한 가격의 태국 음식을 즐길 수 있다.

마지막 잔소리. 방콕에서는 요리에 미원을 엄청나게(!!) 많이 사용한다. 가끔 요리할 때 슬쩍 보면 깜짝 놀랄 만큼 듬뿍듬뿍 미원을 넣는다. 처음 보는 음식 맛이 친숙하게 느껴지는, 처음엔 맛있었는데 자꾸 먹다 보면 슬슬 싫증이 나는 이유가 바로 미원 때문이다. 현지 교민이나 방콕 고수들 중에는 미원 버무림이라며 현지식을 피하는 이들도 적지 않다. 팍치가 문제가 아니라 사실 미원 과용이 문제라고 말한다.

방콕 초고수 B선생은 "방콕에서 현지식만 먹으면 속을 버린다. 어쩌다 한두 번은 괜찮아도 절대로 주식으로 삼아선 안 된다"라는 주장을 강하게 천명한다. 물론 '믿거나 말거나' 이지만, 그 말을 들은 이후 먹는 현지식은 이 맛이 저 맛 같고, 저 맛이 이 맛처럼 느껴지기 시작했다. 나는 정말 귀가 얇다.

커피, 카페 그리고 버블티

나는 뜨거운 커피만 마신다.
왜냐면 커피는
원래 뜨거운 거니까.
그래서 커피 전문점 아르바이트생의
"뜨거운 커피 맞으세요?"라는
질문이 짜증난다.

유럽에서 잠깐 살면서 느낀 점이 있다. 내가 커피믹스에 중독되어 있다는 사실이었다. 처음엔 몰랐는데 어쩌다 들른 한인 슈퍼마켓에 진열되어 있는 커피믹스 박스를 보고 무척이나 반가워했다. 스타벅스고 뭐고 난 지금 달짝지근한 커피믹스를 마시고 싶어졌고, 당장 사서 방으로 들고 와 마시며 천상의 커피 맛과 재회했다. 유럽에서 지내면서 아무리 똥폼 잡아봐야 역시 나는 커피믹스를 그리워하는 한국인이었다.

회사 다니면서 커피믹스를 정말 상상할 수 없을 정도로 많이 마셔댔다. 손님 만나고 외근 다녔다 싶은 날에는 하루에 대여섯 잔을 마실 때도 있었다. 나중에는 커피믹스 냄새만 맡아도 속이 울렁거릴 정도다. 그래도 밍밍한 녹차보다야 커피가 맛있는 걸 어찌할 도리가 없다. 인터넷에서 두들겨보니 2012년 기준 15세 이상 한국인은 하루 평균 1.4잔, 1년에 521잔을 마신단다. 1년에 팔려나가는 커피믹스만 9,700억 원어치란다. 정말이지 커피믹스 업계는 정수기에 '온수' 기능 붙인 기술자에게 감사해야 한다.

요즘에는 우후죽순으로 생겨난 커피 전문점 덕분에 우리 손에는 항상 커다란 종이컵이 들려 있다. 담배 한 모금과 함께 커피 전문점 아메리카노가 '식후

얼마인지는 정확히 기억나지 않지만, 한국에서보다는 당연히 그리고 많이 비쌌다. 그다음부터는 한국에서 공수를 받았다.

1976년 동서식품이 세계 최초의 커피믹스 제품을 출시했다. 그렇다. 너무 많이 마시면 건강에 안 좋다는 걸 뻔히 알면서도 우리가 무지막지하게 마셔대는 그 커피믹스는 '메이드 인 코리아'였다. 커피믹스의 역사를 알고 싶다면 동서식품 공식 홈페이지(http://www.dongsuh.co.kr)를 방문.

오지랖 한마디. 영국에 간 한국 여행객 대부분 스타벅스에서 "페이퍼 컵"이라고 말한다. 뜻은 대충 통하는데, 영국에서는 'Plastic Cup'이라는 용어를 쓰는 게 맞다. 아! 그리고 영국에서는 'Take Out'이 아니라 'Take Away'다. 'Take Out'은 아마 미국식인 것 같다. 참고로 나는 미국에 가본 적이 없다. 슈퍼마켓에서 총 파는 나라는 너무 무섭다.

담배와 함께해야 커피의 완성. 그늘 아래서 천천히 커피 한 모금과 담배 연기를 내뿜으면 여유가 커진다.

땅'으로 당당히 인정받고 있다. 그래서 방콕에 가서도 우리는 커피 전문점을 찾는다. 그리고 스타벅스를 발견하곤 반가워한다. 가격이 한국과 거의 비슷하다는 사실에 살짝 실망하면서도 익숙한 메뉴판과 인테리어를 보며 왠지 모를 편안함을 느낀다. 호텔 방 안에 커피 믹스가 없어서 너무 아쉽지만, 스타벅스 커피가 있으니 봐준다.

방콕은 더운 곳이라서 그런지 커피 전문점의 숫자가 한국에 비해 말도 안 되게 적다. 프랜차이즈 브랜드라고 부를 수 있는 전문점은 '스타벅스'와 '트루 커피'

사실 방콕뿐만 아니라 서울만큼 커피 전문점이 많은 도시는 지구상에 없을 것 같다. 서울 안에만 점포 수가 1만 개가 넘는단다. 이대로 나가면 조만간 커피 종가의 지위를 에티오피아에서 빼앗아올 기세다.

정도밖에 없는 것 같다. 트루 커피는 태국의 이동통신 사가 운영하는 커피 전문점이다. 하지만 트루 커피도 기껏해야 젊은이들이 많이 모이는 곳에나 가야지만 찾을 수 있다. 길거리를 점령한 노점상들도 다들 차가운 생과일주스를 팔지언정 뜨거운 커피를 팔진 않는다.

생각해보면 방콕의 스타벅스는 참 비싸다. 아메리카노 한 잔에 90바트 정도 한다. 한국인들이 좋아하는 무슨 라떼, 모카 머시기 등등으로 가면 한 잔 가격이 100바트를 훌쩍 넘어간다. 즉, 현지의 일반 서민은 엄두를 내지 못할 만큼 비싼 음료가 된다는 뜻이다. 그래서인지 방콕의 스타벅스에 앉아 있으면 약간 여유가 느껴진다. 외국인 손님이 굉장히 많은데다 녹색 여신 마크를 즐기는 현지 젊은이들도 왠지 좀 부티가 난다. 커피 한 잔 가격이 길거리 식당에서 국수 두세 그릇과 맞먹으니 당연할지도 모른다.

참! 방콕에서 국내 브랜드인 '탐앤탐스'를 본 적이 있다. 놀랍게도 싸얌 센터의 3층, 싸얌 파라곤과 광장이 한눈에 들어오는 기막힌 곳에 떡~ 하니 자리 잡고 있었다. 왜 '있었다' 라는 과거형을 썼는가 하면 정말 장사가 안 돼 보였기 때문이다. 인터넷이 공짜라서 자주 들렀는데, 갈 때마다 매장 내에 손님이 거의 없었다. 벽면에 붙은 TV 화면에서 한류 스타들의 뮤직비디오가 계속 나오고 있었지만, 장사에는 별로 도움이 되지 못하는 것 같았다.

하루는 마음먹고 여행자 놀이를 했다. 한국 여행책에 소개되어 있는 예쁘고 멋지고 낭만적이고 모던하다는 카페를 찾아가봤다. 남는 건 시간이고 커피를 좋아하니 명분 충분한 어드벤처. 어차피 글도 써야 하니 일석이조라는 기대감을 한껏 머금고 더운 날 땀 삐질삐질 흘리며 찾아갔다. 이름이 '쿠파(Kuppa)'라는 곳이었는데, 아속 BTS역 근처였다. 결론만 말하자면 최악이었다. 그 정도 디자인, 그 정도 커피 맛, 그 정도 디저트 맛, 그 정도 분위기를 제공하는 카페는 이미 한국에도 너무너무 흔해빠졌다. 이미 내 몸에서 빠져나간 땀방울들에게 미안해질 정도로 대실망. 결정적으로 담배를 피울 수 없는 카페라니! 단독 건물 형태의 카페＋레스토랑에서 흡연 불가라니 장난하나?

의외로 많다는 예쁘고 맛있는 커피를 찾아 마시려던 나의 어드벤처는 쿠파에서 산산조각 나고 말았다. 역시 여행책보다 내 혀를 믿는 게 훨씬 낫다는 사실도 함께 깨달았다. 수쿰빗 쏘이 12 옆에 가면 '임쏨니아' 클럽 앞에 작은 카페가 있다. 이름은 '프렌치 투 고(French To Go)'. 여기 커피 맛있다. 테이블은 3~4개밖에 없지만, 방콕에서 맛본 커피 중에서 이곳 커피가 가장 맛있었다. 30대로 보

짜뚜짝 시장에서 발견한 아프리칸 스타일의 카페. 진하디진한 초콜릿 라떼의 맛에
흠뻑 빠져 한참을 노닥거렸다. 단, 짜뚜짝 시장 내에 있는 탓에 금연이라는 게 함정.

인기 디저트와 커피를 한 번에 해결할 수 있는 애프터 유. 비싼 만큼 맛을 보장해준다.
인기만큼 시간을 잘못 맞추면 기다려야 하는 불상사도 겪을 수 있다.

이는 여자 직원이 있는데, 나를 보고 "싱가폴 사람인 줄 알았다"고 말했다는 점만 빼곤 그녀의 서비스 매너와 영어, 미소가 끝내준다.

맛은 커피 전문점 수준이지만, 싸얌 스퀘어에 있는 점포들도 방콕 커피를 즐기기엔 괜찮은 선택이다. 예쁘고 잘 빠진 여대생들이 많으니까 '멘즈 온리' 그룹이라면 적극 추천한다. 길을 물어보는 척하고 작업 걸면 의외로 히트율이 높다. 이곳 사람들은 예의가 바르다고 할까, 낯선 사람에 대한 경계심이 한국보다 훨씬 덜하다. 영어가 안 되더라도 도와주려고 무척 애쓴다. 펫차부리 부근에서 대학생에게 길을 물었는데, 열 명 정도의 친구들이 모두 나 혼자에게 길을 가르쳐주느라 노상(路上)토의를 벌이기도 했다. '쭉쭉빵빵' 여신이라도 일단 예의 바르게 들이대면 친절하게 대꾸해준다. 땀도 식히고, 커피도 마시고, 공짜 와이파이도 이용하고, 귀요미 전화번호도 따고. 일타 사피.

싸얌 파라곤 3층에는 트루 커피의 플래그십 스토어가 있다. 유료 PC, 이동통신, 3G 선불 유심칩, 각종 액세서리 등 다양한 기능을 갖춘 곳이어서 시간 때우기가 좋다. 양쪽 벽면에 대형 스크린이 있는데, 트루 커피의 공식 트위터 화면이 표시되어 나의 한글 솜씨를 대문짝만 하게 남길 수도 있다. 장소가 장소인지라 물도 좋다. 외국인이라는 사실 하나만 믿고 자신 있게 들이대시라. 친절하게 거절당할지언정 최소한 '까이진' 않는다. 파이팅!

싸얌 파라곤 내 3층 트루 커피(True Coffee). 흔하디흔한 커피 전문점의 통상적인 커피 맛을 제공하지만, 지친 다리를 쉬어가기엔 안성맞춤이다.

커피도 좋지만, 방콕에 가면 역시 각종 생과일주스가 제격이다. 한국의 커피 전문점에서는 커피류보다 생과일류 음료가 훨씬 비싸다. 하지만 방콕에서는 반대다. 과일을 즉석에서 갈아주는, 한국에서 그랬다면 엄청나게 선전했을 게 뻔한, 생과일 주스가 커피류보다 싸다. 사시사철 과일이 수확되는 곳이니 당연할 지도 모른다. 길거리에서 파는 생과일주스는 20~30바트면 사먹을 수 있다. 주스라기보다 걸쭉한 즙 상태의 방콕 생과일주스는 매력 만점이다. 이번에 방콕에 가시면 길거리에서 비닐봉지 안에 담긴 수박 주스 한 번 쪽쪽 빨아 드셔보시길. 재미있고 맛있다.

이마저도 베트남으로 가면 반값으로 떨어진다. 한번은 호치민의 데탐 거리에서 망고 주스를 마셨는데, 망고 2~3개를 통째로 갈아주더니 500원도 안 되는 금액을 달라는 아주머니에게 사랑을 느낄 뻔했다.

방콕의 버블티는 맛있다. 타피오카 인심도 후하다. 대형 브랜드가 아닌 길거리 버블티라고 해도 충분히 맛있다.

버블티를 지나치면 안 된다. 밀크티에 둥근 젤리 형태의 타피오카를 넣는다. 카사바의 뿌리로 만든 녹말 덩어리인데 쫄깃쫄깃해 씹는 재미가 있다.

얼마 전, 삼성동 코엑스에서 버블티를 마신 적이 있는데 무려 6천 원이 넘었다. 사람이 많은 곳에서 하마터면 "꽥!" 하고 비명을 지를 뻔했다. 6천 원이라니. 방콕의 길거리에선 30바트, 1천 원이면 충분하다.

버블티 전문 브랜드 '차차차(Cha Cha Cha)'에 가도 2천 원 대에서 맛난 버블티를 마실 수 있다. 대형 쇼핑몰이나 싸얌 스퀘어 등 번화가에서 찾아볼 수 있다. 통로 쏘이 15에 가면 오봉뺑 바로 앞에 통

나무집처럼 생긴 '차차차'와 만난다. 이걸 한국에 수입해볼까, 라는
쓸데없는 생각을 하면서 퉁퉁한 빨대를 통해 빨아들이는 타피오카
의 질감은 언제나 이국적이고 좋다.

맥주 한 잔, 근사하게

대부분 직장인들에게
점심 반주는 상사에게
"당신 미쳤어?" 소리 듣기 딱 좋다.
그래서인지 몰라도
여행지에서는 다들 점심부터
맥주는 필수 주문이다.

더운 곳에 갔으니 언제나 목이 마르다. 유리잔에 송골송골 맺힌 물방울이 마시기도 전에 눈과 손가락부터 시원하게 만들어주는 맥주 한 잔은 열대 국가 여행에서 가장 저렴하게 즐길 수 있는 최상의 사치다. 쭉~ 꿀꺽, 커허~ 살 것 같아!

대낮 음주가 가능한 직업군도 있지만, 대부분 직장인들에게 점심 반주는 상사에게 "당신 미쳤어?" 소리 듣기 딱 좋다. 그래서인지 몰라도 여행지에서는 다들 점심부터 맥주는 필수 주문이다. 커다란 야자수 밑에서 느긋한 점심 식사에 곁들이는 맥주 한 잔은 지루했던 한국의 일상에 대한 어퍼컷이자 여행자로서의 자기 선언과도 같다. 여행지에 오면 평소에 못 해본 짓들을 다 해보고자 하는 게 사람의 심리다. 그렇게 하지 않으면 왠지 손해 보는 것 같다.

사실 난 알코올의 팬이 아니다. 술을 못 마시는 편은 아니지만 조금만 술이 들어가도 얼굴이 벌겋게 변해서 창피하다. 빨개진 얼굴과 단어들 사이사이에 스며 있는 알코올 냄새 때문에 정신이 멀쩡해도 대단한 취객처럼 오해받아서 싫다. 제사 끝나고 어르신께서 주시는 음복도, 아이리시 커피도 사절이다. 하지만 앞서 말한 것처럼 일상에서 벗어나 방콕으로 탈출해온 사람이라면 굳이 남의 시선을 신경쓰면서까지 마시고 싶은 음주를 자제할 필요는 없을 것 같다. 자기 행동에 책임만 질 수 있다면야 그깟 음주가 뭐 그리 대단한 문제이겠는가. 적당히 기분 좋게 즐기면 된다.

태국 대표 맥주 브랜드 중 하나인 창 비어. 물론 레알 마드리드의 슈퍼스타들이 창 비어를 즐겨 마신다는 사실은 확인된 바 없다.

아시아의 맥주 브랜드와 국적을 잠깐 알아보자. '타이거 비어(Tiger Beer)'는 싱가포르다. '비어 라오(Beer Lao)'는 라오스, '킹피셔(Kingfisher)'는 인도, '산 미구엘(San Miguel)'은 필리핀이다. '칭타오 비어(Tsingtao Beer)'는 당연히 중국. 인도네시아에서는 '빈탕 비어(Bintang Beer)'가 유명하다.

현지에서는 '비아 싱'이라고 발음한다. 하지만 '싱하 플리즈'라고 주문해도 다행히 다 알아듣는다.

2004년 프리미어리그의 에버턴과 셔츠 스폰서십 계약을 체결하며 유명해졌다. 최근에도 레알 마드리드, 바르셀로나 등의 세계적 빅클럽과 스폰서십 계약을 맺어 스포츠 마케팅을 활용하고 있다.

한국에 잘 알려진 태국의 맥주 브랜드는 '싱하(Singha)'와 '창(Chang)'이다. 둘 다 한국의 맥주 전문 숍에 가면 쉽게 즐길 수 있다. 태국 맥주 시장의 대들보는 싱하였는데, 최근 들어 창 비어가 점유율을 높여가고 있다. 창 비어에 시장 점유율을 빼앗긴 분 로드 브류어리(싱하 제조사)도 저가 브랜드인 'LEO'를 출시해 치열하게 경쟁 중이다. 창 비어의 스포츠 마케팅 효과에 자극받은 싱하 측도 최근 아시아 시장 최고 인기 클럽인 맨체스터 유나이티드와 계약을 맺었다. 아고고바의 밀집지역인 쏘이 카우보이 앞에는 싱하 브랜드 밑에서 와이(합장)를 하고 있는 박지성의 사진이 커다랗게 걸려 있다.

보통 길거리에 있는 바에서 즐기는 맥주 한 잔도 좋지만, 기왕 방콕까지 갔으니 조금은 럭셔리하게 즐겨보는 것도 나쁘지 않다. 센트럴 월드 북쪽에 붙어 있는 센타라 그랜드 호텔(Centara Grand)의 맨 꼭대기로 가면 '레드 스카이 바(Red Sky Bar)'라는 옥탑 바(Roof-top bar)가 있다. 곁에서 올려다보기만 해도 '참 높다' 싶은 호텔의 최고층(55층)에 자리 잡았다. 23층에서 고층용 엘리베이터로 갈아타야 한다. 올라가는 과정의 번거로움은 바에 들어가 눈앞에 펼쳐지는 방콕의 아름다운 야경으로 보상받는다. 시야가 동서남북 사방으로 트여 있어 마음에 드는 방향을 선택해 앉아 방콕의 밤 모습을 즐길 수 있다.

방콕에는 루프톱(Roof-top) 형태의 레스토랑과 바가 많다. 여행책마다 소개되어 있는 시로코(Sirocco; 실롬 지역의 스테이트 빌딩 꼭대기)는 64층에 자리 잡고 있다. 반얀 트리 호텔(Banyan Tree Hotel) 61층에 있는 '버티고 앤 문 바(Vertigo and Moon Bar)'도 고소공포를 체험시켜줄 만큼, 지나치게, 탁 트인 야경과

공식 홈페이지는 http://goo.gl/mRmB6.

참! 〈타임아웃〉이란 잡지 들어본 적 있는가? 영국의 잡지인데, 로컬의 다양한 지역 정보를 제공한다. 세계적으로 유명한 도시마다 로컬 버전이 있는데, 당연히 방콕 버전도 있다. 영어로 서비스되니 한번 둘러보시길. 파티, 공연, 전시 등 기한이 정해진 이벤트 정보가 많으니 유용하다 (http://www.timeout.com/bangkok/).

공식 홈페이지는 http://goo.gl/ttixw.

로맨틱한 분위기를 자랑한다. 가격은 당연히 비싸지만 한국의 호텔보다는 저렴하다. 가로수길이나 청담동에 있는 와인바에 간다는 기분이면 될 것 같다. 맥주나 칵테일 한 잔에 대략 350~400바트 선이다.

신혼부부나 커플에겐 제격이다. 맥주 한 잔 시켜놓고 방콕의 아름다운 야경을 바라보면서 알콩달콩 미래를 설계해보면 되시겠다. 남자끼리라면 당연히 갈 만한 장소가 아니다. 비싼 돈 내고 게이 커플로 오해받으면 억울하다. 단, 방콕 현지 여성에게 잘 보일 심산이라면 이런 류의 루프톱 바를 추천한다. 방콕에서 맥주를 가장 비싼 가격에 마시는 곳이니만큼 소위 '있는 척', '센 척' 할 수 있다. 부잣집 따님들이라면 모를까, 일반 처자들에겐 감히 상상하지 못할 럭셔리 장소다. 데려가 주면 격하게 행복해한다. 사진 찍고, 셀카 찍고 만면에 미소 만발.

남자끼리라면 먼저 기준을 정하자. 여유 있게 맥주만 즐길 건지, 아니면 맥주 마시고 다른 곳으로 이동할 건지. 맥주만이라면 수쿰빗 쏘이 4와 라차다 쏘이 4, 좀 고급스러움을 즐기고 싶다면 통로 쏘이 10과 12, 13에 퍼져 있는 바가 좋을 것 같다. 수쿰빗 쏘이 4에는 알다시피 나나 엔터테인먼트 플라자가 있는데, 그 전 길가에 늘어서 있는 맥주 바(Bar Beer)를 이용하면 재미있게 놀 수 있다. 기본적으로 이곳 바에는 아가씨들이 있다. 아가씨들

수쿰빗 쏘이 12. 바닷가에 앉아 있는 듯한 착각을 음미할 수 있다. 간단한 맥주와 시샤(물담배) 그리고 길게 뻗은 다리가 편하다.

손님을 기다린다. 그녀의 영어 안내는 친절하다. 맥주도 맛있다. 통로에는 '쁘띠' 스타일의 바가 많다.

이 마실 음료(레이디 드링크)를 사주면 동석할 수 있다.

아가씨들이 더 많은 돈을 벌고 싶은 욕심에 자꾸 자기를 데리고 나가달라고 보챈다. 매니저라고 할 수 있는 '마마 상'도 귀찮을 정도로 '픽업'을 부추긴다. 바에 픽업 수수료(Bar fine : 500~600바트 정도)를 지불하면 아가씨를 업소 밖으로 데려나갈 수 있다. 업소 문을 나서는 순간부터는 모든 과정과 비용은 아가씨와의 일대일 흥정이 된다. 물론 당신이 상상하는 '그 짓'도 가능하지만, 어디까지나 당신의 정신과 육체가 판단할 부분이다.

라차다 쏘이 4에 있는 맥줏집들에서는 방콕의 젊은 층(10대 후반에서 20대 중반) 손님들 사이에 껴서 놀 수 있다. 관광객 신경 안 쓰는 일반인 주류여서 또 다른 재미를 준다(관광객을 신경 안 쓰는 일반인이 왜 좋은지는 나중에 설명하겠다).

클럽 가기 전에 간단한 목축임용으로서의 맥주, 혹은 맥주 한두 잔만 마시고 싶다는 남자들이라면 과감히 아고고바를 추천한다. 싼 가격으로 눈 구경이 가능하니 심심하지 않다. 전라에 가까운 여인들의 몸매를 안주 삼아 마시는 맥주 가격이 5천 원 정도라면 마다할 이유가 없다. 수쿰빗에 있는 외국인 상대 펍이라면 대부분 통상적인 가격대이고, 파타야의 아고고바는 이보다 더 싸진다. 아고고바에서는 맥주 한두 잔만 마시고 와도 본전을 뽑는다.

통로의 저녁은 여유가 넘친다. 맛있는 맥주와 여유로운 분위기가
매력적이다.

시원해진 바람이 맨살을 스치면 기분이 좋아진다. 해가 떨어진 뒤
통로를 걷고 있으면 맥주 한 잔의 유혹이 강해진다.

아고고바는 기본적으로 섹스를 파는 업소다. 실제로 일본인과 서양인은 이곳 아가씨들과 유료 데이트(원조교제 스타일)를 즐긴다. 실롬 지역에 있는 팟퐁이 유명하고, 수쿰빗 쏘이 4의 나나 엔터테인먼트 플라자, 아속(Asok) BTS와 MRT 근처의 쏘이 카우보이가 방콕에서는 가장 유명하다. 하지만 굳이 아가씨를 지명하거나 데리고 나가지 않아도 상관없어 간단히 맥주만 마실 수 있다. 수컷으로 가득 찬 업소 내의 분위기를 맛보는 것도 방콕 여행에서 빼놓을 수 없는 경험이다.

업소 매니저들은 아가씨를 픽업하라고 보채지만 처음부터 그냥 구경만 하겠다는 의사를 확실히 표현하면 실망을 할지언정 불친절하거나 귀찮게 굴지 않는다. 이 바닥도 고객들의 입소문이 대단히 중요해서 손님에게 막무가내로 영업하지 않는다. 단, 팟퐁에 있는 아고고바나 섹스숍들은 뜨내기손님을 상대로 바가지를 씌우는 경우가 많아서 가지 않는 편이 낫다.

아가씨와 어떻게 놀 것인지는 어디까지나 개인의 선택이다. 어쨌든 남자들끼리 맥주 한두 잔만 마실 거라면 '아고고바'가 '가격 대비 재미'가 가장 좋다. 일본인 어르신이 침이 꿀꺽 넘어갈 만한 아가씨(물론 란제리 차림)를 양옆에 끼고 앉아 방콕 판타지를 만끽하는 광경도 재미있는 구경거리가 되어준다. 물론 진중한 대화가 필요한 상황이라면 어울리지 않는 장소다. 그런데, 뭐, 방콕까지 와서 대한민국 정치의 현주소나 민생 문제에 대해서 떠들고 싶어 하는 사람은 아직 만나본 적이 없다.

#2

슈퍼맨의 방콕

작업에 앞서

잘록한 허리와
'땅땅' 한 엉덩이,
그 밑으로 곧게 뻗은 가는 다리.
특히 교복차림인
여대생의 S라인을 구경하고 있으면
감탄사가 절로 나온다.

방콕에는 여자가 많다. 가기 전부터 그런 소리를 많이 들었는데 직접 가보니 여자가 정말 많았다. 인간의 눈에는 원래 자기가 보고 싶은 것만 보인다고, 엉큼한 목적을 갖고 갔으니 여자밖에 안 보이는 거라고 할 수도 있겠다. 타지인의 동선이었기 때문에 부득이하게 여성이 많이 몰리는 지역(시장, 쇼핑몰, 관광지 등)으로 발길을 옮긴 탓일지도 모른다. 하지만 태국에는 여자가 남자보다 정말 더 많다. 여성 100명당 남성 98명 정도라고 하는데, 여기에서 동성애자와 성전환자의 숫자를 합치면 여성 비율이 더 높아진다.

그러니 태국에서는 남성을 차지하기 위한 여성 간 경쟁도 다른 곳보다 치열하다. 만나본 태국 처자들 대부분 "태국 남자들은 모두 바람둥이"라며 혀를 내두른다. 여자가 많아서 그런가 보다. 그래서인지 몰라도 이곳 아가씨들은 남자친구의 바람기를 처절하게 응징한다. 길거리에서 남자친구의 머리채를 잡고 벽면에다가 내리 찍거나 따귀를 날리는 그녀들의 위풍당당 전투성에 깜짝 놀라기도 한다. 어쨌든 이곳은 여초(女超) 국가다. 참 다행이다!

그녀들의 몸매는 신의 선물

방콕 여성에 대한 첫인상은 왜소한 체형이었다. 날씨가 더워서

앞모습보다 뒤태가 더 매력적이다. 패션은 촌스러울지 몰라도 옷 안에 감춰진 그녀들의 라인은 아름답다.

그런지 비만 여성이 타 국가보다 확연히 적다. 키가 작고 슬림하다. 그리고 몸통 자체가 가늘다. 클럽에서 부비부비 하느라 허리에 손을 대보면 깜짝 놀랄 만큼 몸통이 가늘다. 우리가 한국에서 익숙한 가슴, 허리, 엉덩이가 일자인 경우가 거의 없다. 들어가야 할 곳은 "쏙~" 소리를 내면서 들어가 있고, 그러니 나와야 할 곳은 "쑥~" 소리 나게 나와 보인다. 덕분에 전체적인 비율이 매우 우월하다.

애용하는 레지던스 리셉션에서 일하는 여자 직원이 한 명 있었다. 그 처자 참 못 생겼다. 피부가 까무잡잡하고 머리카락도 곱슬곱슬이다. 그런데 나의 지문을 등록(그 레지던스 현관은 최첨단 지문인식 장치가 달려 있었다)하느라 데스크에서 일어선 그녀의 몸매는 인형을 연상시키는 것처럼 아담하고 예뻤다. 키가 작지만 팔다리가 가늘고 길 뿐 아니라, 허리 '잘록', 엉덩이

'뽈록'이다. 가슴은 도드라지지 않아도 몸무게에 비해선 필시 근사한 사이즈일 것 같았다. 작은 인형을 보는 듯한 기분이다.

태국에 처음 와봤다는 후배와 길을 걸었다. 이 녀석은 여자에 관심이 없는 편이라서 음담패설도 그냥 귀로 듣고 입으로만 웃는다. 그런데, 이 녀석 갑자기 무뚝뚝한 표정으로 "형, 태국 여자들은 등신이 정말 좋네요"라고 툭 내뱉는다. 퇴폐업소라곤 근처에도 가본 적이 없는 후배의 '건전한' 눈에도 이곳 여인들의 축복받은 몸매는 엄청난 임팩트를 선사했나 보다. 잘록한 허리와 '땅땅'한 엉덩이, 그 밑으로 곧게 뻗은 가는 다리. 특히 교복(흰색 셔츠와 검은색 또는 진한 감색의 타이트한 스커트) 차림인 여대생의 S라인을 구경하고 있으면 감탄사가 절로 나온다.

> 여대생의 교복은 어느새 방콕의 명물이 되었다. 한 사이즈 작은 교복을 입는 게 유행이다. 굉장히 타이트해서 몸매가 그대로 드러난다. 학년이 올라갈수록 치맛단 위치도 위로 올라간다. 개중에는 거의 '똥꼬 빤스' 수준의 타이트 미니스커트 교복을 입고 다니는 여대생도 있다. 지나치게 섹시하다는 비판이 있어 2000년대 후반부터 교육부에서 어느 정도 가이드라인을 내렸는데, 경험상 실제로는 잘 지켜지지 않는 것 같다.

그녀들은 까맣지 않다

태국에서 찍어온 사진을 보여주자 친구 녀석이 깜짝 놀란다.

"얘네 피부가 왜 이렇게 하얗지?"

그렇다. 태국 여자들 피부색은 우리 생각하는 것만큼 어둡지 않다. 동남아라고 해서 어두운 피부색을 생각하시면 대단한 착각이시다. 원래 타이족의 피부색은 어두운 편이었지만, 시간이 지날수록 점점 피부색이 옅어지는 추세라고 한다. 태국 북부 출신의 처자들

시내를 배회하다 미녀를 발견한다. 그녀의 화장과 패션, 분위기는 동남아시아에 대한 우리의 얄팍한 선입견을 배신한다.

무언가를 간절히 기도한다. 가족의 건강, 대학 졸업 후의 성공, 또는 사랑의 완성일지도 모른다.

도 피부색이 하얗다. 그래서 업소 아가씨들 중에는 북쪽 출신들이 많다.

물론 어두운 피부색을 지닌 처자들도 많지만, 백화점, 쇼핑센터, 클럽 등지에서 만나는 방콕의 여인들은 대부분 피부색이 우리와 큰 차이가 없다. 정재계에서 중국계 혈통이 활약하고 있는 현상도 어느 정도 영향을 끼친다고 생각된다. 예를 들어, 잉락 현 총리(탁신 치나왓 전 총리의 여동생)를 보면 알 수 있다. 그녀의 외모도 사실 입만 다물고 있으면 한국인이라고 해도 이상할 것 없을 정도로 인종적 동질감이 느껴진다.

그런데도 방콕 사람들은 한국인을 '살갗이 하얀 사람들'로 인지한다. 아직 일반 서민이나 외국인 노동자들보다는 한국인의 피부가 압도적으로 하얗다. 특히 고품질 화장품과 세련된 화장법에 숙달된 한국 여성들의 피부는 이곳에서 큰 부러움의 대상이다. 시골이나 인접국가에서 돈을 벌기 위해 방콕으로 넘어온 사람들은 대개 피부색이 어두워서 한국인의 하얀(?) 피부가 매력적으로 먹힐 때가 많다.

우선순위를 '잠시' 바꿔라

매우 중요하다. 태극기 휘날리고 싶어 방콕을 찾는 청년들에게 항상 해주는 조언이 있다. 목 아래쪽만 보라고. 제아무리 '미소의 나

한국에서는 프리미어리그의 맨체스터 시티를 1년간 운영해 더 유명해졌다. 쿠데타로 해외로 쫓겨난 이후 아직까지 태국으로 돌아가지 못하고 있다. 하지만 그의 추종자들이 아직도 태국 내에 많아 정치 세력화되어 있다. 얼마 전, 탁신이 스카이프 서비스를 이용해 잉락 현 총리를 조종하고 있다는 주장이 나와 논란이 일기도 했다.

라'라고 한들, 주위에서 "방콕 여자들 정말 끝내주지"라는 악마의 허풍을 들었든, 방콕이라고 해서 여신의 도시일 리가 없다. 외국 나가보면 알겠지만, 역시나 한국 여인들의 미모와 패션은 가히 '월드클래스'다. 어느 분야에서든 시간과 열정을 쏟으면 최고가 될 수 있는 것처럼, 한국 여성들은 외모 꾸미기에 자기 리소스의 많은 부분을 사용한다. 성형수술이라는 의료 변신술도 일상다반사가 되다 보니 한국 여인의 미모 수준은 세계 어디에 내놔도 뒤지지 않는다고 개인적으로 굳게 믿는다.

한국 여성의 미모, 그리고 방콕 여인에 대한 환상이 당신의 오감을 철저하게 왜곡시킨다. 그런 상태에서 방콕으로 날아와 촌스러운 색조 화장과 패션으로 한껏 멋을 낸 현지 여성들을 보면 백이면 백 실망하고야 만다. 하지만 마음과 기대와 눈에서 한국적인 색깔을 빼고 나면 세상이 밝아진다. 앞서 말한 것처럼 그녀들의 기막힌 몸매가 눈에 들어온다. '와우' 한 얼굴이 없는 대신 '와우' 한 몸매는 정말 많다. 가냘픈 굵기의 팔다리가 곧게 뻗은 그녀들의 몸매는 한국 여성들의 부러움을 산다. 저런 몸매로 한국 클럽에 등장하면 정말 난리 나겠구나 싶은 친구들도 자주 볼 수 있다. 특히 얇디얇은 여름 패션인 탓에 겉으로 훤히 드러나는 그녀들의 속옷 실루엣은 한국 남자들의 가슴을 설레게 만들기 충분하다.

물론 방콕에도 여신들이 서식한다. 정말 인형처럼 생긴 아가씨들도 많다. 성인용 업소에 가면 인형처럼 생긴 스타플레이어들과 만나

싸얌 스퀘어에는 젊은 세대의 유동이 거대하다. 사람 수가 많을수록 미녀도 많아진다.

폭포처럼 쏟아지는 소나기를 피한다. 우산을 써도 소용없을 정도로 세차게 비가 퍼붓는다.

기도 한다. 젊은 여성들이 많이 모이는 싸얌 스퀘어 부근에서도 그런 친구들을 어렵지 않게 알현할 수 있다. 하지만 우리 모두 공감하듯이, 그런 친구들은 자기가 아름답다는 사실을 누구보다 잘 안다. 당신의 이성 우선순위 목록에서 몸매를 제일 위로 올려놓으면 남자들의 방콕 여행은 틀림없이 충만해질 수 있다.

경쟁자를 알자

타깃을 정했다. 그렇다면 경쟁자들을 해치워야 한다. 세상에 공짜가 어디 있겠나. 방콕 처자들을 꾀기 위한 작업에 있어서 가장 강력한 라이벌은 현지의 잘나가는 녀석들이다. 포르쉐나 페라리를 타고 등장하는 태국 형님들이라면 무조건 내가 진다. 이 부류는 '넘사벽'이다. 태국 사회 지도층 자제분들이니 당신보다 훨씬 우월하다. 당신이 열등감을 갖는 영어도 당신보다 훨씬 잘할 확률이 매우 높다. 우리가 살아온 한국에서는 왠지 영어에서 지면 인생에서 지는 것처럼 느껴지는 탓에 영어를 잘하는 경쟁자를 만나면 당신의 승부욕은 급격하게 떨어진다. 물론 한국에서도 최상위 1퍼센트에 드는 청년들의 경쟁력은 강력하다. 데이비드, 윌리엄, 제임스, 조나단, 이런 녀석들이 힘을 합쳐 아무리 까불어봤자 포르쉐 몰고 온 철수 오빠한테는 안 된다.

다행히 그 이하의 현지 청년과의 비교에서는 한국인이 경쟁력을 가진다. 천만다행 방콕에서 한국인은 선진국에서 온 외국인 항목에

방콕에는 돈 냄새가 느껴지는 구석도 많다. 이곳의 외제차 가격은 한국보다 훨씬 비싸다. 번
호판 역시 '돈질'의 작품이다.

속한다. 근거는 없지만 대부분 돈 좀 쓸 줄 아는 부류라고 생각해준다. 실제로 현지 일반인보다는 한국인 여행자의 지출 가능 규모가 크기도 하다. 아무리 배낭족이라고 해도 한국의 젊은이들은 클럽에서 1,000바트(약 4만 원)짜리 지폐를 턱턱 잘도 낸다. 현지의 일반적인 청년들에겐 상상할 수 없는 '돈질'이다.

세 번째 경쟁자는, 좀 웃기지만, 다른 한국인이다. 방콕에서는 한국 남자의 인기가 꽤 괜찮은 편이다. 서양 남자처럼 하드코어 변태 취향이 일단 적다. 일본 남자처럼 따분하지도 않다. 중국 남자처럼 시끄럽지도 않고. 한국 남자는 침대 위에서 비교적 온순하고, 돈도 그럭저럭 있고, 태국 남자처럼 바람도 극성맞게 피우지 않을 뿐 아니라 일단 재미있게 잘 논다. 물론 술주정을 부리거나 어떻게든 공짜로 해보려고 애쓰는 '찌질이'들이 가끔 방콕 여인들의 가슴을 후벼 파는 경우도 있지만, 평균적으로는 한국 남자는 데이트하기 꽤 괜찮은 녀석들로 분류된다.

잘생긴 서양 남자들은? 방콕 클럽에서 가장 고마운 친구들이 바로 백인 남자들이다. 왜냐면 곳곳에 설치된 각종 지뢰들을 모두 제거해준다. 어쩜 보는 눈이 우리와 '달라도 너~무 다르다'. 서양 남자들 옆에 있는 여인들은 대부분 살집이 있는, 그런 스타일이다. 딱 부러지게 설명하긴 힘들지만, 가서 보면 딱 안다. 금상첨화 방콕 여인들의 입맛도 동서양이 확연히 구분된다. 서양 남자에 흥미 없는 처자들은 제임스가 아무리 껄떡대도 무관심하다. 평소 우리는 서양인의 체격을 부러워하지만, 방콕에 가면 우리 몸뚱이도 꽤 쓸만하다는 사실을 깨닫는다.

어디 가서
놀아야 할까?

새벽 3~4시가
넘어가면
남자는
눈이 낮아지고
여자는
마음이 낮아진다.

이 챕터부터는 남성 전용으로 모신다. 여성 독자들께서는 못 본 척 책을 집어 던져주시길 바란다. 혹시나 여기서부터 적혀 있는 내용을 근거로 남자친구나 남편을 의심하지 마시라. 당신의 사랑은 이따위 책 내용보다 소중하고 거대하고 영원하다.

방콕에 발을 내디딘 이상 놀아야 한다. 여자는 여자끼리 놀고 싶어 하는지 모르겠지만, 나를 포함한 남자들은 당연히 '여자랑' 놀고 싶어 한다. 단지 섹스만을 의미하는 것이 아니다. 삼겹살에 소주를 한 잔 곁들이는 자리도 남자끼리보다는 여자가 한 명이라도 동석하면 분위기가 밝아진다. 남자의 욕정이라기보다 자연의 섭리에 가까운 현상이다. 방콕 남자 또는 오빠들과 놀고 싶은 성적 취향을 가진 독자분들께는 무어라 드릴 조언이 딱히 없다. 아는 것도 없거니와 해본 적도 없어서. 한마디로 그 방면에 대해서는 일자무식인지라 너그러이 용서해주기 바란다.

일단 분명히 해둬야 할 점이 있다. 첫째, 내가 정확히 무엇을 원하는지, 둘째, 나의 조건(예산, 체류기간 등)은 어떠한지, 라는 것이다. 두 가지가 확실하지 않으면 방콕 만족도가 출발 전 기대치를 만족시키기가 힘들다. 물론 "상상 이상이야!"라고 환호할 수도 있지만, 거꾸로 "에이, 이거 아닌데"라고 실망할 위험성도 있다. 여기저기서 "야, 방콕은 가기만 하면 끝내준대!"라는 설익은 소문만 듣고 여행에 나선 남자 그룹이라면 더더욱 그런 함정에 빠

가장 무서운 그룹이다. 태국에 가면 모든 게 그냥 다 되는 줄 알고 무작정 온다. 인터넷을 통해 얻은 설익은 정보로 현지에서 막 들이댄다. 그리고 한두 번의 경험을 바탕으로 엉뚱한 지식을 인터넷 게시판에서 과장되게 자랑한다.

질 소지가 다분하다.

단기 여행자

물리적인 시간이 짧다. 아무리 태국 관련 블로그를 달달 외우고 유경험자들의 입소문에 절박하게 기대봤자 현지 체류시간이 짧은 탓에 충분히 즐기기가 현실적으로 어렵다. 여행 기간이 짧은 만큼 시간을 어떻게든 낭비하지 말아야 한다. 시행착오를 줄이고 가장 확실한 방법을 선택해야 현명하다. 내게 주어진 시간이 사나흘밖에 안 되는데, 너무 거창한 목표를 세우면 실망도 커질 가능성이 크다. 그러다가 밤새도록 클럽에서 헛심만 쓴 후에 '굿모닝' 아침 해를 보면서 혼자 숙소로 돌아오면 허무하기 그지없다. 느긋하게 놀러 간 방콕에서 FIFA월드컵에 출전하는 축구 대표팀처럼 마음가짐을 먹으면 너무 숨 막힌다.

주어진 시간이 짧고 예산에 여유가 있으면 잘 알려진 방법을 선택하는 편이 가장 효율적이다. 알다시피 방콕에는 성인을 위한 수만 가지 업소가 성행한다. 한국인에게 익숙한 종목도 있는가 하면, 정말 영화에서나 나올 법한 기괴한 업소도 있다. 방콕의 명물 '아고고 바' 라든가 성인 남성 전용 마사지(우리가 줄여서 '안마' 라고 부르는 종목)도 있고, 태국식 룸살롱인 '멤버십 클럽' 은 물론 한국 시스템이

적용된 한국식 룸살롱도 있다. 어떤 업소를 가든지 한국에서 동등 서비스를 이용하는 가격보다는 확실히 저렴하다. 물론 한국과 마찬가지로 태국에서도 매춘은 법으로 금지되어 있다. 대놓고 섹스를 파는 것처럼 보여도 분명히 불법은 불법이다. 하지만 그러면서도 매춘이 성행한다는 점도 한국과 닮았다. 이 부분에 대해선 선을 넘을지 말지는 어디까지나 개인의 선택으로 남겨둔다.

앞서 설명한 것처럼 단기 여행자들이 일반인을 꾀어 '원 나잇 스탠드'에 성공하기란 쉽지 않다. 며칠 놀러 온 외국인 관광객에게 "드세요~"라고 몸을 갖다 바치는 여자는 어느 곳이든 드물다. 도시 자

일본 남자들의 천국 타냐 거리. 일본 경제가 활황이었을 당시에는 일본인만 출입이 가능했던 업소도 많았다.

체가 타지인들로 넘쳐나는 곳이니만큼 태국 여자들은 처음 만난 외국인의 방콕 거주 여부를 반드시 확인한다. 국적을 먼저 물어본 뒤, 백이면 백, "여기 살아요?"라고 물어본다. 여기서 "3박4일로 놀러 왔어요"라고 대답하면 거의 대부분 '게임 오버' 되겠다. 여행자라고 해도 'OK' 사인을 보내온 여자라면 넷 중 하나다. 여행객을 상대로 몸을 파는 여인(이른바 프리랜서)이거나, 알코올의 신이 강림하시어 '정신줄'이 가출해버린 여인이거나, 레이디 보이(성전환수술이 비싸기 때문에 대부분 남성 생식기가 달려 있는 상태) 또는 당신이 '폭풍 간지'이거나. 그렇다면 작업을 할 때에는 반드시 거짓말을 해야 한다는 말인가? 이 역시 각자의 판단과 양심에 맡길 수밖에 없다. 당신의 가슴속에서 어떤 대답이 외쳐지고 있는지 귀를 잘 기울여보자.

장기 여행자

'장기'의 시간 정의는 상당히 주관적이다. 경험상 2주일 이상 정도면 시간과 마음의 여유를 갖고 작업에 나설 수 있었던 것 같다. 여기서 '여유'라 함은 첫 만남에선 전화번호 정도를 따고, 그 다음에 만나서 거사를 도모해볼 수 있는 시간적 여유를 뜻한다. 물론 우리 중 몇 달씩 놀아 제칠 수 있는 한량 '복'을 타고 난 사람은 많지 않지만, 어쨌든 당신이 '그런 사람 중 한 명이라면'이라는 가정 하에 이야기해보자.

시간적 여유가 있으면 이런저런 성인 업소를 일단 체험해볼 수 있다. 모든 업소를 돌아다니면서 매번 그 짓을 한다는 게 아니라 '구경'을 한다는 의미다. 물론 당신의 몸과 마음이 마구 뒤흔들려서 선을 넘을 수도 있겠지만, 그 선이 어느 지점에 그어져 있는지는 오직 본인만이 알고 있다. 한국인에게 가장 만만한 곳은 RCA(Royal City Avenue)에 있는 클럽들이다. 가끔 직업여성도 끼어 있는데, 대부분 일반인이라고 생각하면 된다. 수질은 나쁘지 않으나 요일에 따라 편차가 크다. 패션은 촌스럽지만, 여자 손님들의 몸매가 워낙 S라인이라서 최소한 '여기 물이 왜 이래?' 라는 느낌은 들지 않는다. 가끔 보석 같은 여신도 계신다. 이곳에서 작업에 실패할 경우에는 '애프터 클럽'인 윕(WIP168)이나 스크래치 독(Scratch Dog)으로 가서 추가 작업이 가능하다. 작업은 어디까지 개인 역량이지만, 한국에서보다 쉽다. 외국인 프리미엄도 있고, 밤이 깊어갈수록 사람들은 취하기 마련이다.

아침 6시부터 문을 여는 클럽도 있다. 부잣집 자녀와 조폭들의 마약소굴로 통한다. 위험하다.

　가장 물이 좋은 클럽은 통로 지역에 있는 클럽들이다. 펑키 빌라(Funky Villa), 데모(Demo), 낭렌(NangRen), 뮤즈(Muse) 등이다. 이곳은 정말 물이 좋다. 하지만 손님들이 방콕에서도 이른바 '잘나가는' 부류라서 작업 난이도가 높다. RCA 클럽과 달리 이곳에서는 통상적인 클럽 음악과 태국 로컬 밴드 공연이 한 시간 주기로 번갈아 나온다. 로컬 밴드 공연에 대한 인내심이 관건이다. 하지만 전후좌우에 워낙 여신들께서 많이 계시니 참을 만한 가치는 있다고 생각한다. '원 나잇 스탠드'는 어렵고, 연락처와 얼굴을 튼 뒤에 '다음 기회

가장 시원하고, 가장 깔끔하고, 가장 물 좋은 곳. 싸얌 파라곤에서는 흡연 빼고 모든 걸 할 수 있다.

를 도모함이 현명한 선택이다.

처음부터 너무 무리하지 말고 여유 있게 유흥 문화에 접근하는 게 좋다. 방콕 경력이 낮은 초보자들보다는 재주껏 고수들과 어울리는 게 안전하다. 방콕에 섣부르게 들이대면 큰코다칠 수 있다. 처음에는 굉장히 쉬워 보이지만, 가면 갈수록 어렵게 느껴지는 게 방콕의 매력이다.

에브리바디

자정 넘어 시작되어 아침 6시까지 이어지는 '애프터 클럽'에서는

타율이 높아진다. 일단 시간적으로 술에 취한 여자들이 많아진다. 한국과 마찬가지로 '꽐라' 되신 분은 그만큼 작업하기가 쉬워진다. '애프터 클럽'에는 직업여성이 많다는 게 특징이다. 업소에서 일을 끝마친 뒤, 이곳에서 회포를 풀거나 또는 아르바이트를 뛰기 위해 온다. '어리버리한' 외국인 관광객 손님을 유치(?)하기 위해 애프터 클럽에 오는 프리랜서 직업여성도 많다.

롱타임에 보통 2,500~3,000바트를 요구한다. 하지만 가격이 천차만별이다. 남자 손님이 마음에 들면 가격이 싸지기도 하고, 시간이 아침을 향해 달려갈수록 떨어진다. 새벽 4시가 넘어가면 거의 파장 분위기가 되어 1,000바트까지 떨어진다. 체력과 시간을 감안해 본인이 결정하면 된다. 어떤 여자들이 직업여성인지 어떻게 아느냐

클럽마다 각종 파티가 벌어진다. 방콕의 화끈한 밤에는 심심할 겨를이 없다.

방콕의 클럽은 당신의 나이를 깨끗이 지워준다. 통하지 않는 외국어를 뜨거운 분위기가 대신 통역해준다.

개인의 취향을 떠나 방콕 여행에서 '아고고바'가 빠질 수 없다. 기대보다 못할 수도 있지만, '아고고바' 안의 독특한 분위기야말로 관광 명물이다.

고? 눈만 마주쳤는데 웃어주거나 괜히 옆에 와서 친한 척하거나 말을 걸었는데 지나치게 친절하면 거의 직업여성이다. 협상 각오를 다져야 한다. 물론 프리랜서라고 해도 오가는 돈이 '화대' 성격을 띤다면, 그만큼 자기가 책임져야 할 부분이 커진다는 뜻이기도 하다. 각자 현명하게 판단하시길.

성인 마사지는 12시, 아고고바는 1시, 가라오케(룸살롱류)는 12시 정도에 문을 닫는다. 하지만 이 업소들도 제대로 즐기려면 대개 저녁식사 시간에 가야 한다. 스타급 아가씨들은 금방 '픽업' 되어 나가버리기 때문이다.

단, 방콕의 성인 업소 폐점 시간은 한국보다 이르다는 점을 감안하고 시간을 짜야 한다. 이른바 매춘이 가능한 업소의 폐점은 대부분 자정이다. 사실상 성인 마사지나 아고고바는 저녁 10시가 넘어가면 거의 파장 분위기다. 그 시간까지 업소에 남아 있는 아가씨들은 선택을 받지 못했다는 뜻이며, 그만큼 상태가 '메롱'이란 의미이기도 하다. 술에 취해 자정이 넘어 여자 생각이 나면 취할 수 있는 방법은 클럽에 가는 수밖에 없다. 그러니 오늘밤 어떻게 놀 것인가를 해가 떨어지기 전에 정하는 게 좋다.

착하게 놀고 싶은 여행자

여행사 또는 네이버 태국 여행 전문 파워 블로거들의 도움을 받자. 순수하게 방콕을 즐기고 싶어 하는 사람들도 많다. 마음 맞는 여행 동반자를 구하면 좋은 여행 시간을 가질 수 있다. 파이팅!

바 비어

낮 시간 동안 평범해 보이기만 하는
'쏘이 4'는 해가 떨어짐과 동시에
변태를 시작한다.
눈부신 네온사인이 하나둘씩 켜지고,
편안한 차림새의 외국인 관광객이
느릿느릿 모여들기 시작한다.

수쿰빗(Sukhumvit) 거리에는 뭐가 참 많다. 식당도 많고, 가게도 많고, 인도 위에 행인도 많고, 노점상도 많고, 차도는 언제나 교통체증에 걸린 자동차들로 가득하다. 다른 지역처럼 수쿰빗도 중심축 격인 대로(大路, Thannon)를 중심으로 좌우로 골목들이 끝없이 펼쳐져 있다. 골목들이 비슷비슷하게 생긴 탓에 초행길인 사람들에겐 미로처럼 느껴진다. '쏘이(Soi)' 단위로 구분되는 골목길 지번이 아라비아숫자 순서로 정돈되어 있어 그나마 다행이다. 우리 식으로 하면 수쿰빗 2번가 옆에 4번가가 있다. 1번가 옆에는 3번가다. 좌우를 지그재그 식으로 번갈아가며 1번가, 2번가, 3번가 식으로 뻗어간다.

나나 BTS 역 2번 출구로 나와 서쪽 방향으로 걷다 보면 왼쪽으로 '쏘이 4' 이정표가 서 있는 길목이 나온다. 이정표가 서 있는 곳에 주유소와 맥도날드, 세븐일레븐이 모여 있어 수쿰빗 내에서도 찾아가기가 쉽다.

낮 시간 동안 평범해 보이기만 하는 '쏘이 4'는 해가 떨어짐과 동시에 변태를 시작한다. 눈부신 네온사인이 하나둘씩 켜지고, 편안한 차림새의 외국인 관광객이 느릿느릿 모여들기 시작한다. 젊은 아가씨들을 뒤에 태운 납짱 오토바이도 기하급수적으로 늘어난다. 소금으로 된 코트를 입고 그릴 위에서 지글지글 살을 태우는 큼지막한 생선 '빵끼통'들이 늘어선 쏘이 4는 '바 비어(Bar Beer)'의 천국으로 태어난다.

수쿰빗 대로를 걷다 보면 골목(쏘이) 초입마다 번호 표지판과 만난다. 수쿰빗 쏘이 4에는 남자들의 놀이터가 많다.

수쿰빗 쏘이 4의 풍경은 한눈에 쉽게 들어온다. 골목의 분위기 자체가 "애들은 가라"고 혼내는 듯싶다.

쏘이 4의 풍경은 바닷가 리조트를 연상시킨다. 마치 파타야에 온 듯한 착각을 일으킨다. 헐렁한 반팔 셔츠에 반바지 차림에 조리를 신고 어슬렁거리는 서양인 여행객들의 모습부터 민소매 티셔츠에 짧은 핫팬츠 차림의 젊은 아가씨들까지 복잡하게 엉켜 있다. 직접 각개격파에 나선 프리랜서들의 물결로 인도 위에는 편하게 걸어갈 수 있는 공간이 거의 없을 정도다. 바 비어는 펍 형태로 되어 있어 외부에서 업소 안에 훤히 들여다보인다. 높다란 의자에 걸터앉은 아가씨들은 지나가는 행인을 향해 간드러진 목소리를 던진다. 고개를 돌려 보자 눈빛이 마주친 아가씨가 싱그러운 미소로 화답한다.

그 순간 바로 옆에 있던 프리랜서가 슬쩍 손을 잡으며 "아나따, 도꼬에 이꾸노?"라며 섹시한 일본어로 말을 건넨다. 하지만 '쏘이 4'에 진을 친 프리랜서들은 대부분 '형님' 들이다. 나도 예의 바르게 미소로 거절한다. 가끔 엉덩이나 '손대서는 안 될' 부위에 직접 손을 대며 밀착하는 적극적인 '형님' 들도 계신다. 오~ 제발 좀 참아주세요.

바 비어에 들어가 자리를 잡는다. 가게 안에는 많은 서양인 손님이 이미 아가씨들과 낄낄대고 있지만 내게 눈길을 주는 손님은 아무도 없다. '육덕지다' 는 형용사가 이 사람 때문에 만들어졌구나 싶은 풍채의 마담이 끈끈한 허그로 환영해준다. 뺨에 뽀뽀를 하더니 다짜고짜 입 안으로 혀를 집어넣으려고 해서 황급하게 고개를 뒤로 뺐다. '육덕진' 마담은 가게 구석에 대기 중인 아가씨들을 가리키며 "아나따~"라면서 합석을 권한다. 혼자 조용히 맥주로 목을 축이자고 들어온 것이 아니니 못 이기는 척하면서 아가씨들을 둘러본다.

'귀요미' 여대생 스타일 1인 발견. 마담에게 "저 친구 영어 할 줄 알아요?"라고 물어보자 "잉글리시 굿"이라며 대답한다. 하이네켄 한 병을 주문하자 귀요미가 사뿐히 날아와 옆구리에 '착' 달라붙는다. 레이디 드링크로 칵테일 한 잔을 사줬다. 맥주 한 병에 150바트, 칵테일 한 잔에 180바트. 한국 돈으로 만 원 정도로 아가씨를 옆에 앉히고 시원한 맥주로 목을 축일 수 있다면 나쁘지 않다.

물론 이 친구들의 영어는 '굿'이 아니라 '쉣'이다. 영어를 할 줄 안다고 해 봤자 기본적인 대화밖에 나눌 수 없다. 내가 영어를 잘하면 되지? 순진한 생각이다. 내가 아무리 떠들어봤자 아가씨가 못 알아듣는다. 그래서 영어에 자신이 없는 한국인 남자도 방콕에서 얼마든지 자신 있게 영어를 사용할 수 있다. 명사와 동사를 아무렇게나 투척해도 대충 뜻이 통하니 딱히 영어 열등감에 빠질 필요가 없다. 하긴 생각해보면 바 비어의 아가씨와 심도 있는 대화를 나눌 필요가 있으랴. "이름이 뭐니?", "어디 살아?", "나이는 몇이야?" 정도만으로도 아가씨는 생글생글 웃으며

비어바와 아고고바에서 아가씨를 옆에 앉히기 위해선 술을 사줘야 한다. 보통 한 잔을 사주면 20~30분 정도 앉아 있고, 다 마시면 또 사달라고 조른다. 거절하면 자기가 알아서 자리를 뜬다. 술값을 업소와 아가씨가 일정 비율로 나눠 갖는 시스템이다.

태국의 업소에서는 사실 영어보다 일본어가 더 잘 통용된다. 일본어 가능자는 방콕에서 훨씬 더 재미있게 놀 수 있다.

해가 떨어지면 수쿰빗 쏘이 4로 향하는 길이 바빠진다. 손님도 많아지고 출근하는 사람들도 많아지니까.

팔짱 껴주고 내 어깨 위로 고개를 숙이며 샴푸와 로션의 향기를 풍겨준다.

대화의 허리가 뚝뚝 잘려져 나가면서 한 가지 사실을 뒤늦게 깨닫는다. 바 비어에 맥주를 마시러 온 것이 아니라는, 엄청나게 중요한 사실 말이다. 물론 이곳에서는 맥주를 마시면서 프리미어리그 경기를 시청하고 아가씨와 농담을 따먹을 순 있지만, 사실 어디까지나 서양인의 음주 문화이지 한국인의 목적성과는 잘 맞지 않는다. 맥주 한 병

이 친구들은 정말 신기하다. 맥주 한 병으로 한 시간 정도는 너끈히 버틴다. 쓸데없는 주제로도 한두 시간 정도를 정말 뜨겁게 대화한다. 런던의 펍에 가면 테이블은 식사만을 위한 용도로 쓰인다. "맥주 한 잔 하자"라고 가면 백프로 서서 마셔야 한다. 우리와는 정말 맞을 수가 없는 음주 문화다.

마시면서 아가씨를 고른 후에 픽업해 나가는 게 상책이다.

마담에게 물어보니 '페이 바'가 600바트란다. 곱하기 2를 하면 두 명을, 3을 하면 3명을 데려갈 수 있다. 물론 어른 놀이도 가능하다. 아니, 그 아가씨들은 돈을 벌어야 하는 입장이니만큼 '어른 놀이'를 위해 바 비어에서 근무한다고 봐도 무방할 것 같다. 슬쩍 물어보니 롱타임에 3,500바트, 쇼트타임에 2,500바트를 달라고 하는데, 옆에서 생글거리며 '대장금'을 좋아한다는 한국형 귀요미는 롱타임에 3,000바트를 달라고 한다. 도대체 협상 의지가 없어 보인다.

그 돈이면 RCA 클럽에 가서 양주 한 병을 시켜놓고 여신급 몸매 사이에 끼어서 실컷 즐길 수 있다는 나름대로의 계산이 서 맥주 두 병으로 자제하고 가게를 나왔다. 저쪽에 있던 마담이 달려와 친한 척하면서 왜 벌써 가느냐고 하며 엉겨 붙는다. 그냥 "친구 만나러 가요"라고 둘러댔다.

물론 바 비어도 나름대로의 구실을 한다. 굳이 아가씨를 옆에 앉히지 않아도 되니 친구들끼리 모여 맥주로 간단하게 목을 축이기엔 나쁘지 않다. 혹시나 마음에 드는 아가씨가 있다면 불러서 간을 볼 수도 있다. 레이디 드링크라고 해봤자 얼마 되지도 않으니 한두 명

바 비어 업소의 안팎은 따로 구분이 없다. 파타야 해변가에 늘어서 있는 수많은 바 비어를 연상하게 만든다.

쯤 간 보는 게 부담스럽지 않다. 페이 바 가격은 고정되어 있지만, 한번 데리고 나간 아가씨를 가이드 삼아 여기저기 구경하는 것도 재미있다. 방콕 현지인만 알고 있는 맛집 등의 명소를 소개해달라고 해도 된다. 물론 아가씨들 대부분 돈을 벌어야 하니 빨리 호텔로 가서 어른 놀이를 하자고 보챈다.

태국에서는 많은 부분이 '능력껏 재주껏' 돌아간다(거꾸로 그만큼 정해진 룰이 없어 헷갈리기도 하다). 몸을 팔아서라도 돈을 벌고 싶어 하는 아가씨도 있지만, 어차피 퇴근 후에 클럽에서 놀 거 그냥 매너 좋은 외국인 손님과 함께 가면 더 좋다는 식의 유유자적한 친구들도 있다. 그래서 근무가 끝나고 나서 "맛있는 거 먹고 함께 놀자"라는 식으로 이방인의 제안을 받아들이는 아가씨가 적지 않다. 그렇게 만난 손님과 잠자리를 함께한 대가로 받은 돈은 온전히 자기 몫이 된다.

매너가 좋거나 재미있는, 혹은 위험하지 않은 손님이라고 판단하면 그녀들은 이런 '외도'를 꺼려하지 않는다. 이런 면에서는 한국과 일본의 남자들이 인기가 좋다. 서양인에 비해 변태일 확률이 지극히 낮으니까.

바 비어가 많은 곳은 사실 파타야다. 리조트 주변에 사각형의 바가 있고, 그 안에서 아가씨가 서빙을 보는 형태다. 파타야에 가본 여행자라면 금방 기억할 수 있는 업소다. 아가씨와 젱가 같은 게임을 하면서 재미있게 놀 수도 있지만, 어쨌건 그곳에 있는 아가씨를 돈

을 내고 '픽업'이 가능하다. 픽업한 뒤에 어디에
서 뭘 하면서 놀 것인지에 대해선 각자가 선택하
시길 바란다.

호텔 중에는 현지 여인의 출입을 제한하는 곳이 많다. 한눈에 봐도 직업여성처럼 보이는 경우에는 아예 출입이 불가능해진다. 또는 여성의 신분증을 리셉션에서 맡아놓는 방법을 취하기도 한다. 만일에 있을지 모를 사고에 대비하기 위해서다. 만약 당신과 동행한 여인이 신분증을 갖고 있지 않다면, 다른 싼 숙소를 이용해도 되겠지만, 어디까지나 그런 행위에 대해선 본인이 책임져야 한다. 여자 쪽에서 자신의 거처나 자기가 아는 호텔로 가자는 제안을 받을 때도 있는데, 이런 상황은 피하는 것이 좋다. 위험해질 수도 있다.

아고고바

섹시한 여체를 직접 구경하고 싶다.
무대 위에서 춤추는 2차원의 피사체를
3차원적으로 만지고 싶다.
침대 위에서 그녀와
4차원의 무아지경을 느끼고 싶다.
할리우드 영화에서만 가능한 판타지가 아니다.

중학교 시절, 한 선생님(공업인가 기술 과목이었던 것 같다)께서 이런 말씀을 하셨다.

"너희들 왜 날나리들끼리 맨날 붙어 다니는 줄 아느냐? 비슷한 놈들끼리 모여 있으면 마음이 편해지거든. 맨날 공부 안 한다고 혼나는 게 나 혼자만이 아니었어, 라는 식으로 자기 위안이 가능해지니까 말이야."

직장 생활을 여러 해 해봐도 그 말이 틀리지 않은 것 같다. 친한 동료끼리의 술자리는 스트레스가 풀리지만, 모든 면에서 나보다 우월한 존재(예를 들어, 직장 상사)와의 자리는 접대 또는 영업의 영역에 속한다. 룸살롱 여신과 파트너가 되어봤자 다음 날 기억에 남는 것은 내 손에 들려 찰랑대던 탬버린과 묵직한 노래책의 무게감뿐이다. 비슷한 놈들끼리 모여야 고스톱도 재미있고, 골프도 재미있고, 룸살롱도 재미있어진다.

그런 차원에서 태국의 '아고고바(A Go-Go Bar)'는 모든 남성들을 하나로 묶어주는 마성의 장소다. 이곳에서는 사회적 지위와 신분의 차이는 물론 외모로 따지는 시시한 우열 구분도 없다. 우리는 오직 '남자'라는 단순하고도 명료한 카테고리 안에서 일심동체가 된다. 서로가 서로를 관찰할 수 있고, 동일한 대상을 보며 흥분하면서 경쟁할 수도 있다. 나체에 가까운 여자의 몸이 뒤틀리는 광경을 직접 보고 싶어

무대 위에서 아가씨들이 아슬아슬한 의상만 걸치고 가벼운 춤을 춘다. 무대를 중심으로 손님이 앉는 테이블이 놓여 있다. 자리에서 맥주를 주문하며, 마음에 드는 아가씨를 지명해 레이디 드링크를 사주면 옆에 앉힐 수 있다. 픽업(가격은 바 비어와 대동소이)도 가능하다. 수쿰빗 쏘이 4의 '나나 플라자'와 아속 BTS역 인근의 '쏘이 카우보이'가 유명하다.

번듯한 아속(Asok) 사거리의 뒷골목에는 화려한 조명을 발하는 쏘이 카우보이가 자리 잡고 있다. 팟퐁 거리에 모여 있는 불빛 들이 이젠 이곳으로 옮겨왔다.

하고, 무대 위에 있는 저 여인과 함께 침대에 눕
는 기분을 상상함에 있어서 아고고바의 손님은
모두 동지(同志)다.

누구나 그렇듯이 나도 첫 태국 여행에서 아고
고바를 경험했다. 이 세상에 인터넷이 태어나기
전의 일이었으니 사전 정보는 어디선가 주워들
은 '팟퐁(Patpong)'이란 두 글자가 유일했다.
택시를 타고 다짜고짜 팟퐁으로 가자고 했고, 눈
앞에 펼쳐진 신기한 풍경에 화들짝 놀랐다. 업소
마다 문이 활짝 열려 있어 밖에서도 스팽클 비키
니를 입은 아가씨들이 그대로 보였다. 수많은 가
족 단위 관광객들이 지나치는 팟퐁 야시장 길가
의 코앞에서 화려한 무대 위에서 수십 명의 아가
씨들이 춤을 추고 있는 광경. 용기를 내어 업소 안으로 들어선 순간
이 지금도 생생하게 기억날 정도로 아고고바의 첫인상은 '돌직구' 가
되어 내 기억 속에서 스트라이크 존에 제대로 꽂
혔다. 시간이 흘러 퇴폐업소의 주도권이 팟퐁에
서 '나나 플라자' 와 '쏘이 카우보이' 로 넘어가긴
했지만, 지금도 팟퐁 거리는 '초보' 여행자들로
넘쳐난다.

인터넷을 뒤지면 금방 알 수 있듯이 요즘 제

1957년 우동 팟퐁 파니치 씨
(氏)가 허허벌판이었던 이 지
역에 퇴폐업소를 개업한 것이
효시다. 아고고바가 생긴 것
은 1969년의 일이었다. 암스
테르담의 '레드 디스트릭트'
와 함께 섹스 관광 산업의 세
계적 명소다. 매일 야시장
(Patpong Night Bazaar)이
들어서 일반 관광객에게도 반
드시 들어야 할 필수 코스로
자리 잡았다. 하지만 최근 들
어선 '초짜' 여행자에게 바가
지를 씌우는 악덕업소가 많아
졌으니 웬만하면 야시장만 이
용하길 권한다.

아고고바의 문은 대부분 커튼
으로 되어 있다. 들어가기 전
에 "일단 구경하고 싶다"고
말하면 맥주를 주문하지 않고
분위기를 관찰할 수 있다. 사
전 수질 점검이 가능하다는
점이 아고고바의 장점 중 하
나이기도 하다.

정확한 위치를 알고 싶다면
'구글맵'을 이용할 것. '스트
리트 뷰' 기능도 제공된다. 방
콕 시내에서 돌아다니는 방법
은 BTS(지상철), MRT(지하
철) 그리고 택시를 이용하면
된다. 업소별 상세 정보를 얻
고 싶으면, 네이버, 다음 등의
국내 검색을 이용하면 수많은
정보가 쏟아진다. 공짜 정보
인 만큼 쉽게 구해진다.

BTS 나나(Nana) 역 주변은 낮보다 밤이 더 볼거리가 많아진다. 인도 위에 들어선 수많은 매대에서부터 어른들의 놀이터들까지.

수쿰빗 쏘이 4에 있는 '나나 엔터테인먼트 플라자'의 입구. 아직 시간이 일러 네온에 스위치가 들어가지 않았다.

일 인기가 좋은 아고고바 밀집 장소는 수쿰빗 쏘이 4에 있는 '나나 플라자'와 아속 BTS역 근처에 있는 '쏘이 카우보이'다. 아가씨들의 스타일이나 의상 등으로 업소마다 차별화를 시도한다. 물론 어디를 가든 아고고바 특유의 분위기는 차이가 없다. 오픈된 공간에서 아가씨가 무대 위에서 몸을 섹시하게 흔들고 있고, 전 세계에서 몰려든 각양각색의 남자들이 한 손에 맥주병을 들고 시시덕거린다.

무대 위 아가씨들은 선택받기 위해 뜨거운 눈빛과 몸짓을 당신에게 LTE급으로 쏴댄다. 앳된 어린 손님부터 걷는 것도 힘겨워 보이는 어르신까지 한 자리씩 차지하고 앉아 무대 위에서 춤추는 아가씨들의 몸 구석구석을 눈으로 훑으며 '남자 미소'를 짓는다. 쇄골에서 가슴으로, 허리에서 엉덩이로 이동하는 눈빛이 허벅지와 종아리로 매끈하게 슬라이딩을 하고 있으면 어느 샌가 무안함보다는 타고난 본능에 솔직해지고 싶을 뿐이다. 인종, 나이, 직업의 서류적 구분을 떠나 형성되는 두터운 동질감. 그래, 우린 모두 결국 암컷을 좇는 수컷이다!

팟퐁을 떠난 아고고바의 주도권이 안착한 곳, '쏘이 카우보이'에는 인기 업소 바카라(Baccara)가 있다. 방콕 여행을 위해 인터넷에서 헤엄을 쳐본 독자라면 누구나 한 번쯤 들어봤을 이름이다. 쏘이 카우보이 한복판에서 여행책을 들고 바카라의 위치를 확인하는 한국인 여자 여행자를 본 적이 있다. 개인적으로는 '여자들이 뭐 하러 이런 곳에 오지?'라는 생각도 들지만, 한편으로는 그녀들의 '인증샷'

호기심을 이해할 수도 있을 것 같다.

방콕 초보에게는 바카라가 성욕의 본격 가동을 위한 애피타이저로 제격이라고 생각한다. 적나라한 분위기 안에 들어가 있으면 왠지 나도 매춘을 해야 할 것 같은 의무감마저 든다. 물론 눈 구경에도 일품이다. 남자 둘이 만나 맥주 한 잔 마시는데, 유두는 기본이요 음모까지 훤히 비치는 망사 란제리가 눈앞에서 왔다 갔다 하면 맥주 값이 아깝지 않다. 아가씨 지명이 의무사항이 아닌 덕분이다. 바카라는 2층 무대의 밑바닥이 투명 유리로 되어 있어 1층에서 위를 올려다보면 2층 아가씨들의 밑부분을 아주 자세히 구경할 수 있다. 에이스 업소답게 시간대별로 상하의 탈의의 하드코어 퍼포먼스도 선보인다. 맥주 한 병에 150바트. 남자 둘이 아가씨를 한 번씩 앉혀도 3만 원 정도로 해결된다. 더 이상 뭘 바라겠는가?

물론 '아고고바'가 관음 욕구만을 충족시켜주는 시시한 종목은 아니다. 개중에는 여신급이라고 해도 좋을 만큼 출중한 미모의 아가씨도 등장한다. 업소 특성상 아가씨들의 변동이 심해서 '어느 가게의 누구'라는 식의 가이드는 무의미한 게 아쉬울 뿐, 유명 업소에 시간만 잘 맞춰 가면 에이스를 차지할 수 있다. 예를 들어, 즉석 매춘이라는 특화된 솔루션을 제공하는 나나 플

쏘이 카우보이의 끝자락에 있는 최고 인기 아고고바 '바카라'. 몰리는 시간대와 만나면 앉을 자리가 없을 정도로 손님이 많다.

라자의 레인보우 3에서도 얼굴과 몸매가 모두 완벽했던 초특급 귀요미를 발견한 적이 있다. 들어가 자리에 앉자마자 무대 위에 있는 그녀를 보곤 깜짝 놀랐다. '저런 친구가 왜 이런 곳에서 일을 할까?', '저 친구를 강남 클럽에 옮겨놓으면 남자들 정말 많이 꼬이겠구나' 등등 별 쓸데없는 생각까지 다 들었을 정도로 출중한 미모. 하지만 동행했던 친구가 옆에 앉힌 그녀는 "원, 투, 쓰리"도 이해하지 못할 만큼 의사소통이 불가능했던 가슴 아픈 기억이 난다.

바카라에도 중장년층 일본인을 비롯해 단골손님들이 적지 않다. 예순은 족히 되어 보이는 일본 어르신께서 초롱초롱하고 야들야들한 아가씨를 옆에 끼고 앉아 있는 모습도 아고고바가 제공하는 또 다른 세상 구경거리다. 중장년 일본인들은 아고고바를 대단히 사랑한다. 우리와 다르게 그들은 바라보면서 즐기는 문화에 익숙하고, 엔화 강세 덕분에 마음에 드는 아가씨를 픽업해서 데이트 상대로 간단히 만들 수 있다는 장점 때문인지도 모른다. 프로야구 한 경기 보는 가격으로 하루 저녁을 맛있게 만들 수 있다면, 그들 입장에서는 더할 나위 없이 매력적인 방법일 것 같다.

주인공을 직접 만나본 적은 없지만, 단기 여행으로 방콕에 왔다가 바카라에서 일하는 아가씨에게 홀딱 빠져 한국에서 다니던 직장까지 때려치우고 아예 방콕에 눌러앉았다는 전설적 샐러리맨의 이야기를 들은 적이 있다. 매일 천사를 위한 레이디 드링크를 사주느라 적지 않은 돈을 쓰고 있어 주변 사람들을 안타깝게 만들고 있다고 하는데, 어디까지나 들은 이야기여서 더 이상의 전언과 의견 개진은 자제하는 것이 예의라고 생각된다. 어쨌든 '아고고바'에도 그만큼 뛰어난 미모를 갖춘 아가씨들이 있다는 사실이다.

섹시한 여체를 직접 구경하고 싶다. 무대 위에서 춤추는 2차원의 피사체를 3차원적으로 만지고 싶다. 침대 위에서 그녀와 뜨거운 섹스를 즐기며 4차원의 무아지경을 느끼고 싶다. 할리우드 영화에서만 가능한 판타지가 아니다. 태국의 아고고바는 저렴한 가격으로 수컷들의 본능을 충실히 만족시켜준다. 구경은 공짜다. 프로야구 중계 보면서 호프집에서 맥주 한 잔 기울이는 기분과 비용으로 태국 아고고바의 마력을 체험해보자. 그 다음에 어떻게 할지는 각자 알아서.

마사지 파라

라차다 대로에 있는
알라이나(Alaina)의 앞을 지나다가
한번은 이런 생각까지 했었다.
'저 건물의 외벽 전체가
투명 글래스로 되어 있으면
정말 장관이겠구나' 라고 말이다.

지도를 펴고 아속(Asok) BTS역을 찾는다. 그곳에서 위쪽('북쪽'이라고도 한다)으로 곧게 올라간 대로가 있다. 지하철(MRT) 노선이 길게 뻗어 있는 바로 그 길이다. MRT역을 기준으로 라마 9세(Rama9 or Phram9; 팔랑까우)에서 태국문화센터(Thailand Cultural Center)를 지나 후아쾅(Huai Khwang)에 이르는 3개 정거장 사이 지역을 일컬어 '라차다'라고 부른다. 정확한 대로 명칭은 '라차다피섹 대로(Thanon Ratchadapisek)'다. 한국인 아저씨들에겐 왕궁 '왓 프랏깨우' 만큼이나 유명한 곳이다.

애니메이션과 일식, 전자제품 등을 일본의 최대 수출품이라고 한다. 하지만 한국 샐러리맨들의 일상 속에 가장 친근하게 자리 잡은 '메이드 인 저팬'은 성인 마사지가 아닐까 싶다. 줄여서 '안마'라고 부르는 그곳이다. 들어보니 최근 한국에서는 예전에 있던 정식 안마사의 서비스가 쏙 빠지고 오직 '어른 놀이'만 남아 고객 유치에 치열한 마케팅 경쟁을 벌이고 있단다.

각종 뉴스에서는 불법매춘업소에 대한 대대적인 단속이 이뤄지고 있다며 생색을 내지만, 어찌된 일인지 근처에서 폐업했다는 업소는 거의 없는 것 같다. 15년 이상 같은 장소에서 같은 서비스를 제공하는 업소가 있는 걸 보면 과연 대한민국이 법치국가가 맞나 싶을 때도 있다. 아, 대한민국 사법부의 권위에 도전하려는 것은 아니다.

라차다 대로를 따라 올라가면 거대한 규모의 마사지 업소를 구경할 수 있다. 불법 영업 행위가 이루어진다고는 도저히 믿겨지지 않는 덩치의 건물들이다.

단지 궁금할 뿐이다. 그 종목이 바로 '메이드 인 저팬'이고, 한국처럼 버젓이 영업하고 있는 '불법 업소'라는 사실을 밝혀두고 싶을 뿐이고.

방콕에서도 이 성인 마사지 업소를 어렵지 않게 발견할 수 있다. '어렵지 않게'라고 표현한 이유는 단 하나다. 엄연히 태국에서도 매춘 행위는 불법이기 때문이다. 불법인 것도 똑같고, 위풍당당하게 한 자리에서 성업 중인 것도 똑같다! 건물 규모가 입이 쩍 벌어질 정도로 거대해서 대형 호텔이나 사무용 빌딩이라고 생각할 만큼 크다.

대형 건물에 작은 창문이 닥지닥지 붙어 있고, 눈에 띄는 네온사인만 하나 덩그러니 붙어 있으면 물집일 가능성이 매우 높다.

라차다 대로에 있는 알라이나(Alaina)의 앞을 지나다가 한번은 이런 생각까지 했었다. '저 건물의 외벽 전체가 투명 글래스로 되어 있으면 정말 장관이겠구나' 라고 말이다. 헬리콥터를 타고 하늘을 날며 정글 숲 속에서 '떼씹' 을 즐기는 원숭이(침팬지? 오랑우탄?) 무리를 촬영한 아름다운 자연 다큐멘터리를 본 적이 있는데, 이 건물 내부를 단층 촬영해서 안드로메다로 보내면 그곳 성인(星人)에게도 비슷한 문화 충격을 던져줄 수 있겠구나 싶다.

참, 방콕을 찾는 자랑스러운 단군의 후예들은 이곳을 '물집' 이라고 센스 넘치게 칭한다. 이곳 안에서는 수도꼭지에서도 물이 나오고, 사람 몸에서도 물이 나오니 매우 합당한 호칭이랄 수도 있겠다. 인터넷을 뒤지다 보면 물집의 고수 분들께서 올려놓으신 업소별 위치와 가격, 수질 등에 대해서 상세히 나와 있는 웹사이트를 쉽게 찾아볼 수 있다.

블로그 한 곳을 찾아 뒤적거린 적이 있는데, 솔직히 정보가 지나치게 많아서 오히려 실전에는 그리 큰 도움이 되지 못했다. 그 방대한 정보를 모두 머릿속에 기억할 수도 없을뿐더러 텍스트와 실물의 차이가 상존하기 때문이다. 제일 인기 있는 업소라는 암스텔담의 위치를 찾으려고 정말 전자제품 매뉴얼 수준으로 상세히

지하철(MRT) 후아쾅(Huai Kwang) 역에서 내리면 뇌쇄적인 눈빛을 발견한다. 남성 전용 마사지 업소 '엠마누엘'의 간판답게 조명마저 에로틱하다.

마사지 서브웨이. 한국 남성들에게 유명한 포세이돈 외에도 업소들이 많다.

설명되어 있는 블로그를 한참을 뒤진 적이 있다. "도대체 여기가 어디란 소리냐? 그냥 택시 타고 갈까?"라고 걱정하다가 일단 부딪혀 보자는 식으로 팔랑까우 MRT역에서 내려 지상으로 올라갔더니, 웬걸, 그냥 사거리 어디에서나 너무나 잘 보이는 장소에 그 '암스텔담' 건물이 "나, 여기 있소~"라고 외치고 있었다. 그냥 "역에서 나가서 주위를 둘러보면 있어요"라고 설명해주시면 될걸, 뭘 그리 복잡하게 써놓으셨는지…. 역시 직접 가서 눈으로 확인하는 방법이 최고다.

방 안에 들어가기 전까지 아가씨의 상태를 확인할 길이 없는 한국과 달리, 태국의 성인 마사지 업소는 1층 로비에서 대기하고 있는 아가씨를 땀구멍까지 확인할 수 있다. 마치 백화점처럼 1층 로비에 아가씨들이 '진열' 되어 있다. 이런이런, 고귀한 인명을 놓고 '진열'이란 천박한 단어를 쓰다니, 라는 생각이 들지도 모르겠지만, 정말 그곳에선 아가씨들이 진열되어 있다. 커다란 투명 유리벽 뒤에 계단식 의자에 앉아 아가씨들이 생글생글 잘도 미소 짓고 있다. 업소마다 진열의 형태가 다르지만, 통상적인 시스템은 대동소이했다. 소위 '어항'이라고 부르는 유리벽 뒤에는 하품(下品), 외부에 노출된 소파에 앉아 있는 상품(上品)의 차별화 전략을 채택한다.

암스텔담은 고급 상품만 취급한다는 자부심 때문인지 어항이 아예 없이 전원 오픈형 진열대에 아가씨들이 촘촘히 앉아 있었다. 그 앞으로 세팅되어 있는 테이블에서 손님들은 간단한 식음료를 섭취하면서 천천히 아가씨를 선택하는, 고객의, 고객에 의한, 고객을 위한 시스템이다. 참! 이곳에서 거의 회식 수준으로 음식을 시켜놓고 있는 일본 어르신 그룹을 본 적이 있다. 회식과 마사지를 한 곳에서 해치울 수 있어 합리적이라는 나름대로의 계산법 때문이었는지 모르겠지만, 어쨌든 보는 내가 상당히 무안했다.

조선시대 사대부의 피를 물려받은 나로서는 이런 시스템이 굉장히 '뻘쭘' 하다. 나를 보며 생글거리는 아가씨와 눈이라도 마주치면 그 순간의 무안함이란 참 말로 형언할 수가 없다. 그렇다고 이곳까지 와서 선택권을 포기한 채 눈 감고 "전 아무거나 괜찮아요"라고 할 수도 없는 일이고. 최대한 많이 와본 척하면서 자리에 앉아 여유 있게 맥주 한 병을 시키고, 등을 소파 뒤에 붙인 뒤에 최대한 편안한, 또는 거만한 자세로 진

열대를 천천히 둘러본다. '스타' 로 통칭되는 비싼 아가씨는 금액대가 한국과 거의 비슷하다. 암스텔담에서는 5,700바트짜리 가격대까지 확인했는데, 의외로 그녀의 미모는 고가의 가격대와 어울리지 않았다. 금액과 관련된 설이 여러 가지인데, 그중 재미있는 설은 금액을 아가씨 본인이 결정한다는 것이다. 고액 상품 중에서 "뭥미?"라는 미모가 있는 걸 보면 어느 정도 신빙성 있는 이론이다.

수쿰빗 쏘이 33에는 일본인 손님을 주고객으로 하는 일본식 변종 마사지 업소가 많다. 각 업소들마다 서로 다른 메뉴를 구비해놓았다.

그런데, 같이 갔던 동행이 우리가 너무 늦게 와서 '진짜 스타'들은 이미 다른 손님들에게 서비스 중이라는 충격적인 증언이 뒤따랐다. 그리고 시계를 보니 저녁 8시 10분을 지나고 있었다. 지금이 늦었다니? 한창 삼겹살에 소주 걸치면서 "야, 우리 오늘 몸 좀 풀어볼까? ㄲㄲㄲㄲ"라고 시시덕거릴 시간인데. 태국에서는 부지런해야 한단다. 물집은 원래 오후부터 문을 열긴 하는데, 스타급 아가씨들 대부분 저녁 6~7시 전후로 출근을 하는 탓에 그녀들의 서비스를 받으려면 출근

C선생(방콕 5년차), "사실 물집마다 VIP 서비스가 따로 있거든요. 대형 자쿠지에 서너 명이 같이 들어가는 시스템이에요. 각자 지명한 아가씨도 홀딱 벗고 같이 들어오고, 시시덕거리면서 술 마시고 가라오케가 있어서 노래도 부르고, 그러다가 신호가 오면 옆에 딸려 있는 방에 들어가서 일 치르고, 그런 곳은 올라가는 엘리베이터도 따로 되어 있어요. 관광객들은 그런 서비스 백날 와도 못 받죠."

시간을 잘 맞춰서 '일찍' 가 있어야 한다. 이 지점에서 두 가지를 깨달았다. 첫째, 태국의 성인 마사지 업소와 한국식 음주와는 시차가 최소한 3시간 이상 난다는 점, 둘째, 지금까지 경험했거나 또는 귀가 따갑게 들었던 태국의 성인 마사지 무용담에 등장하는 아가씨들은 대부분 손님들로부터 간택을 받지 못하고 늦은 시각까지 진열대에 남아 있는 하품이었을 가능성이 매우 높다는 점이다.

자, 정리하자. 만약 당신 친구 중 누군가가 "야, 태국 가서 안마집 갔는데, 와우 죽이던데!"라고 말하면 정확히 그곳에 몇 시에 갔냐고 되물어보시길. 밤 8~9시가 넘었다고 하면 그분께선 떨이 상품과 일을 치렀을 가능성 매우 높으시겠다. 한국인에겐 포세이돈이 가장 유명하다. 정확한 이유는 알 수 없지만, 한국인 가이드의 손에 이끌려가면 거의 대부분 이곳 포세이돈을 이용한다. 개인적으로 아는 영국인 친구가 있는데, 그 친구는 이곳에서 남녀 도합 10명이 한꺼번에 욕탕에 들어가 봤다는 자랑을 이야기해줬다. 함께 갔던 태국인은 그날 처음 만난 사업 파트너였단다. 태국에서는 초면에 홀딱 벗고 함께 여체 탐구를 할 수도 있으니 이곳에서 사업 하실 분들께서는 참조하시길 바란다. 참고로 그런 VIP 서비스는 모두 예약제라고 하니 외국인 관광객에겐 금단의 영역이라고 봐야 옳다.

성인 마사지 업소의 평균 수질을 말할 것 같으면, 한마디로 말해,

대한민국 안마 업소의 메카 강남보다 떨어진다. 금액적인 강점이 있긴 하지만, 전반적인 수질 면에서 강남 업소에 익숙한 고객이라면 절대로 만족할 수가 없다. 최근 강남 일대의 종사자들은 깜짝 놀랄 만한 외모와 몸매를 가졌다고 들었다. 눈이 높은 친구들이 침을 튀겨가며 칭찬하는 걸 보니 틀림없는 사실이라고 믿는다. 성형수술이라는 마법까지 곁들여졌고, 업소마다 치열한 고객 유지 경쟁을 벌이고 있으니 당연한 변화라고 생각한다. 물론 방콕 성인 마사지 업소의 스타 중 스타는 바비 인형 같은 친구도 있고, 암스텔담에는 패션모델이 아르바이트를 하러 나온다는 소문도 있다. 하지만, 방콕까지 와서 한국보다 비싼 돈을 치러가면서까지 성인 마사지 업소를 이용할 필요가 있는지는 솔직히 판단이 잘 서지 않는다.

가라오케

여동생이 없는 사람들에겐 '오빠' 호칭이 낯설다. 예수님 뵈러 가서 '교회 오빠'가 되지 않는 한, 나를 '오빠'라고 불러줄 사람은 세상에 그리 많지 않다. 지금까지 살면서 나를 사심 없이 '오빠'라고 불러준 여자는 대학교 후배들밖에 없는 것 같다. 그 외에는 모두 선수들뿐이었다. 다들 그렇듯이 나이가 들면서 '오빠' 호칭은 혈육과 친근감을 상실한 채, "이 자식아, 넌 이제 돈을 내야 돼"라는 뜻만 커져가는 것 같아 속상하다. 돈을 내고서야 '오빠'가 될 수 있는 사람들이 한반도에 꽤 많다는 현실은 분명히 안타깝다.

방콕의 비즈니스 밀집 지역인 '실롬(Silom)'에 가면 '타냐(Thanon Thaniya)' 거리가 있다. 수라윙과 실롬 대로를 잇는 300여 미터 정도의 골목이다. 실롬 BTS 라인의 '살라뎅(Sala Daeng)' 역에 내리면 바로 타냐로 연결된다.

이곳에선 누구나 '오빠'가 된다. 물론 그 호칭 대신에 '아나따'란 일본어의 2인칭 대명사가 사용되지만, 그 의미를 한국어로 옮기자면 '오빠(또는 자기)'가 가장 가까워진다. 약 300미터 길이의 타냐 거리에는 일본어로 장식된 간판으로 가득하다. 이곳을 지나다 보면 여기가 일본인지 방콕인지 헷갈릴 정도다. 일본어 간판이 눈으로 들어오고, 일본어 '아나따'가 귀로 들어온다. 방콕 가라오케의 성지 타냐.

19세기 관료귀족이었던 인물로 이 지역을 매입했다. 이 지역은 아직도 그 집안의 사유지가 많다고 한다.

1960년대 이후 비즈니스 지구로 발전했다. 일본계 기업들이 집중적으로 들어서면서 일본인 주재원을 상대로 하는 식당, 가라오케 등이 들어서기 시작한 것이 타냐 거리의 시초.

3번 출구로 나가면, 오른쪽으로 타냐 거리가 나오고, 조금만 더 걸어가면 '팟퐁'이 나온다.

야시장과 '아고고바'로 유명한 팟퐁의 바로 옆 골목에는 '타냐'라
는 이름의 유흥가가 있다. 일본어가 많이 들리는 기이한 경험을
할 수 있다.

타냐 거리에는 시선의 초점을 맞추기 힘들 정도로 많은 업소들이 밀집해 있다. 하지만 모두 일본인
손님을 겨냥한 일본풍(風)이라는 공통점을 지녔다.

무슨 바람이 들었는지 하루는 후배가 타냐 구경 가자고 보챈다. 가라오케를 한 번쯤 구경하고 싶다는 마음이 있었던 덕분에 FIFA 월드컵 본선에 나간 축구 국가대표팀처럼 최종 수비망이 스르르 열렸다. 타냐는 친절하게도 BTS역 출구에서 몇 걸음만 가면 되는 거리에 있다. 타냐 거리 쪽으로 들어서니 화려한 간판들이 흔들리는 남심(男心)을 붙잡기 위해 필사적으로 빛을 발하고 있다. 이런 곳이 1970년대까지 조용한 주거지였다는 사실이 믿기질 않는다. 어느새 이곳은 방콕 제일의 일본식 룸살롱인 '가라오케'의 성지로 변해 있다.

타냐 한복판에서 서 있으면 일본의 유흥가에 온 듯한 느낌이 든다. 길거리에서 손님에게 말을 거는 '삐끼'가 일본인일 정도니까 이곳이 얼마나 일본화(日本化)되어 있는 곳인지 달리 설명할 필요가 없다. 중년 일본인들은 "타냐 대학교 태국어학과에 다닌다"는 은어를 사용한다고 한다. 타냐 가라오케 아가씨와 쾌락을 즐기면서 태국어를 배운다는 뜻이다. 일본의 버블 경제 시절에는 타냐의 가라오케 앞에는 '일본인 외 사절'라고 쓰여 있었을 정도였단다. 일본인은 타냐를 사랑한다.

"저, 여기서 제일 유명한 가라오케가 어디죠?"라고 용기를 내어 '저패니스' 삐끼에게 물어본다. "아, 요즘은 딱 꼽을 순 없고요, 저기 보이시죠? 저 빌딩에 있는 가라오케들이 규모가 큰 편이니 이 친

> 일본의 유흥가도 호객꾼들 때문에 제대로 길을 걷기가 어렵다. 단, 일본의 유흥업소는 안에 들어갔다가 "분위기가 마음에 안 든다"고 말하고 나와도 싫은 소리를 하지 않는다. 이 친구들은 따분할 정도로 예의가 바르다.

'가라오케'라는 명칭이 왜색을 여실히 보여준다. 일본인 밀집구역이 시작되는 수쿰빗 쏘이 33부터 일본식 유흥
문화의 대명사 가라오케 업소가 많아진다.

구 따라서 그쪽으로 한번 가보시죠"라고 친절하게도 '새끼 삐끼'까지 연결해준다. 같이 갔던 후배는 일본어 가능자와 함께 왔다는 만족감에 웃고, 나는 일본인 특유의 친절함에 웃는다. 타냐 거리의 가라오케들은 삐끼 수수료가 따로 없다. 계산 정확하고 돈 많이 쓰는 일본인 손님의 비위를 맞추기 위해 모든 것이 투명하고 깨끗하다. 이곳에는 소매치기도 없고, 바가지 상술도 없다.

7~8층 정도 높이의 건물 외벽은 가라오케 간판들로 빽빽하게 장식되어 있었다. 후배와 상의 끝에 "맨 위층부터 훑어 내려오자"

삐끼를 따라가든, 손님이 제 발로 가든 가격이 똑같다는 뜻이다. 그러니 오히려 삐끼에게 원하는 스타일을 말하고 따라가는 편이 더 안전할 수도 있다.

0182

일본인 포르노 배우가 직접 운영하는 업소까지 성업 중이다. 일본 남성을 위한 여행 책자마다 빠짐없이 소개되는 유명
업소 '바닐라' 는 수쿰빗 쏘이 33에 위치해 있다.

는 작전을 세웠다. 층층마다 각기 다른 콘셉트를 내
세우는 가라오케들이 "이랏샤이마세~"를 외치며
거창하게 손님을 반긴다. 가게 건너 가게로, 인사하
고 들어가고, 아가씨 수질상태 점검하고, 인사하고
나오고. 그러다 보니 어느새 1층까지 다 내려와 버
렸다. 여기까지 와서 그 옛날 호기심 발동해서 해봤
던 집창촌 구경(일명 '사파리')을 하고 다니게 될 줄
은 꿈에도 몰랐다.

　타냐는 물론 수쿰빗 쏘이 33 등지에 있는 가라

타냐보다 소규모이지만
콘셉트가 다양하다. 일본
인 남자 포르노 배우가
직접 운영하는 업소도
있고, 시끄럽지 않고 조
용한 바 스타일의 고급
클럽도 있다. 가장 고급
클럽들은 수쿰빗 쏘이
33과 통로 사이의 주택
가 곳곳에 자리 잡고 있
어 일반 여행객들로서는
찾아가기가 어렵다. 단,
타냐 업소들보다는 가격
대가 비싸게 형성된다.
이 역시 구글맵에서 위
치를 확인할 수 있다. 업
소명이 궁금하면 스트리
트 뷰 기능 활용.

오케는 전부 일본식 시스템이다. 아는 분들도 계시겠지만, 한국처럼 독실이 아니라 개방형 구조로 되어 있다. 큰 홀을 중심으로 소파와 테이블이 있어 그곳에서 아가씨를 옆에 앉혀놓고 즐기는 방식이다. 들어가기 전에 대기 중인 아가씨들 중 자기 파트너를 고른다. 마음에 드는 아가씨가 없으면 곧바로 나와도 안전하다.

아가씨들은 각자 다른 색깔의 번호표를 달고 있다. 쇼트타임만 되는 처자, 롱타임도 오케이인 처자, 2차는 아예 불가인 처자, 당일 생리 중인 처자 등등으로 다른 색깔의 배지를 단다. 타냐 아가씨들은 대부분 일본어를 할 줄 안다. 영어 가능자는 그 숫자가 좀 적다. 재수가 좋으면 한국어 가능자와도 만날 수 있으니 초이스 전에 마마 상에게 반드시 확인해보는 편이 합리적이다. 업소마다 약간 다르지만, 술값은 대부분 시간제다. 뷔페식으로 시간당 600바트 정도로 제공되고, 아가씨 술값은 별도이니 대충 먹고 마시고 놀다 보면 1시간에 대략 두당 1,000바트(기본 술값, 레이디 드링크, 팁) 정도 소요되는 '룸살롱 놀이'라고 할 수 있다. 우리처럼 술 빨리 마시는 민족에겐 대단히 유리한 방식이지만, 방콕에 가서 술만 진탕 퍼마시는 것도 그리 현명하지 않다고 생각된다.

B선생의 지론은 "심혈을 기울여서 아가씨를 고르고, 한 시간 동안 열심히 꾀어내서 밖에서 따로 만나는 게 최고"란다. 영업시간 중에 아가씨를 데리고 나가면 업소에 5~600바트 정도의 '페

가라오케는 아니지만 방콕에서 가장 유명한 '픽업' 업소로 '테메'라는 이름은 너무나 유명하다. 요즘은 인기가 떨어져가고 있는 추세라고 한다.

이 바'를 지불해야 하지만, 영업시간이 끝난 이후라면 그 돈을 아낄 수 있다. 예를 들어, 영업 종료 1~2시간 전에 가서 아가씨에게 "일 끝나면 클럽에 가서 같이 놀자"는 작전을 구사해볼 수 있다. 물론 밖에서 만날 때에는 모든 비용과 행동을 본인이 책임져야 한다.

이곳의 장점은 아가씨의 미모와 스타일이다. 일본인 취향의 아가씨들이니 당연히 우리네 기준과도 크게 다르지 않다. 서양인 손님 중심인 '바 비어'보다는

아가씨와 함께 식사를 해도 되고, 술 한 잔을 해도 되고, 영화를 보러 가고 되고, 클럽에 가서 함께 즐겨도 되고, 일일 데이트 상대를 구하는 식이다. 하지만, 들리는 소문에는 일부 한국인 청년들이 아가씨와 잠자리를 함께하고 나서 화대를 아끼려고 도망가 버리는 경우도 종종 있다고 한다. 동침 자체가 바람직하진 않지만, 그냥 내빼는 것이야말로 최악이다.

한국 기준의 미녀가 훨씬 많다. 일본어를 할 줄 아는 대한민국 남자라면 가라오케가 쏠쏠한 솔루션이 되어줄 수도 있다. 간혹 이런 곳에서 일하는 아가씨와 깊은 관계까지 전개되는 친구들도 있는데, 썩 바람직하지 않은 행동이다. 왜 그런지는 이후 챕터에서 설명한다.

방콕에서는 다양한 형태의 룸살롱이 영업 중에 있다. 앞서 말한 일본식 가라오케가 있는가 하면, 한국식 정통 룸살롱도 있다. 한국에서처럼 놀고 싶다면 한국 시스템을 도입한 업소에서 노는 게 최고라고 할 수 있다. 일반 가라오케보다 비싸다는 단점은 있지만, 한국적으로 놀아야 직성이 풀리는 수많은 한국인 관광객에겐 오히려 추천할 만하다.

사실 지금까지 방콕에서 만난 단기 여행자의 90퍼센트 이상은 방콕 현지의 룸살롱 시스템에 답답함을 느끼는 것 같았다. 익숙한 방식으로 유흥을 즐기고 싶어 하는 사람들이 많았다. 입맛에 안 맞는 태국 음식을 억지로 먹다가 설사로 고생할 바에 당당히 한국 음식을 먹는 편이 훨씬 나은 것과 같은 이치로 방콕까지 와서 새로운 방식에 적응하느라 시간을 허비할 바에는 조금 비싸더라도 본인이 익숙한 방식을 선택하는 편이 훨씬 좋은 방법이 될 수도 있다. 한국식 가라오케의 위치는 당신의 여행 가이드에게 문의해보실 것. 파타야에는 한 공간 안에서 모든 일을 해결할 수 있는 '원 스톱' 서비스가 제공되는 업소도 있다고 들었다. 물론 가라오케 종목의 최상위 클래스는 '멤버십 클럽'이다. 비싸고, 예쁘고, 재미있다.

멤버십 클럽 '핌프(Pimp)'는 C선생도 찾아가는 길을 헤맸을 정도이니 나 혼자서는 절대로 다시 찾아갈 수 없는 곳에 있다. 인근 납짱의 도움을 받아서 겨우 도착한 핌프 앞에는 포르셰, 벤츠, BMW 등 고급 차량이 즐비하게 서 있었다. 기다란 문을 열고 들어간 내부는 영국의 '젠틀맨 클럽'에 들어온 듯한 착각을 불러 일으켰다. 무대 위에서는 거미 같은 체형의 러시아 무희들이 섹시한 란제리 봉춤 퍼포먼스를 펼치고 있다.

손님이 가득 찼던 탓에 겨우 부스 한 곳을 얻어 자리를 잡을 수 있었다. 물론 아가씨들이 손님보다 훨씬 더 많았다. 수질 상태는 직접 가본 업소 중 최고였다. 코앞에서 망사 란제리 차림의 완벽한 S라인 미녀의 끈적거리는 섹시 댄스를 보고 있자니 괜스레 주눅이 들 정도였다. 조니 워커 블랙 750ml 한 병, 안주, 아가씨 두 명을 불러 간단히 1시간 반 정도 놀고 나오니 계산서에 11,000바트가 찍혀 있었다. 이곳에서 독실에 들어갔다면 당연히 룸 차지가 더 붙었을 것이다. 방콕이라고 해서 뭐든지 한국보다 싸다고 생각하면 큰 오산이다. 당신이 원한다면 방콕에서도 얼마든지 한국보다 훨씬 비싸게 술을 마실 수 있다.

에까마이 지역에 위치한 멤버십 클럽 '셔빗'. 멤버십이 아니면 출입이 제한된다. 한국의 룸살롱처럼 즐기면 가격도 비슷하게 나온다.

C선생,

"멤버십 클럽 애들은 2차 잘 안 나가요. 자기 값어치가 떨어진다고 생각하죠. 어차피 여기서 일하는 아가씨들의 목표는 제대로 된 물주를 잡는 거예요. 옷 사주고, 집 사주고, 차 사줄 스폰서요. 관광객은 이런 곳에 와봤자 별 재미를 못 보죠. 방콕에 살면서 가라오케에서 일하는 아가씨와 사귀면 모를까. 일본어를 할 줄 알면 방콕에선 가라오케 가서 노는 게 제일 재미있어요. 열과 성의를 다해서 꾀어내야죠."

클럽 ①
Overview

RCA의 '루트66'에 가면
예순 정도 되어 보이는
가발 쓴 태국 어르신 한 분 계신다.
가끔 오신다.
혼자 오셔서
정말 자~~알 놀다 가신다.

외국 가면 편하다. 나이를 안 물어보니까. 직업을 안 물어보니까. 내 스펙을 묻지 않으니까. 내가 어떤 사람인지에만 관심을 가져주니까.

요즘 다 힘들게 살아간다. 서점을 가 봐도 온통 '힐링(healing)'이란 단어뿐이다. 특히 대한민국 아저씨들의 퍽퍽한 인생은 눈물이 날 정도로 외롭고 쓸쓸하다. 각박한 인생 속에서 이 동물의 영혼은 메마르고, 자신감은 '행불'된 지 오래다. 총각은 처녀 앞에서 작아지고, 아빠는 가족 안에서 자리를 잃는다. 사회적 거세를 당한 채 샐러리맨들은 오늘도 출근해서 '졸라게' 일한다.

그런데 방콕에 가면 갑자기 많은 것들이 바뀐다. 내가 대접받아 마땅한 외국인 손님이 된다. 길거리 미녀가 나와 눈을 마주치자 수줍은 표정을 지으며 배시시 웃는다. 길을 물어보니 마치 하녀가 주인을 모시듯이 깍듯이 대해준다. 난 아무것도 하지 않았는데 지갑 속에 들어 있던 돈의 가치가 커진다. 짐을 들어준 호텔 벨보이에게 팁으로 3천 원을 주니 두 손을 합장하고 연신 고맙다고 고개를 숙인다. 한국에서는 꿈도 꾸지 못할 최고급 호텔의 바에서 맥주 한 잔을 걸치는데 2만 원도 하지 않는다. 한국에서는 나이 탓에 입장도 불가능한 클럽에서 매혹적인 S라인 미녀에게 미친 척하고 건배 제의를 했는데 친절하게 받아준다.

'어? 저기 저 친구 이름이 뭐였더라? 자네 혹시 오래 전에 없어
졌던 '자신감' 군 아닌가! 어딜 갔다가 이제야 돌아온 게야! 그동안
내가 너 없이 얼마나 힘들고 처량하게 살았는지 알기나 해? 여자들
은 무시하고, 상사는 맨날 구박하고. 정말 비참하게 살았단 말이야.
그나저나 도대체 방콕까지는 어떻게 온 거야? 여기선 뭐 먹고 살아?
몸은 괜찮아? 우리 이제 헤어지지 말자. 너 내 옆에 꼭 붙어 있어.'

클럽은 어디에나 있다. 서울만 해도 홍대와 강남에 클럽들이 지
천으로 깔렸다. 심지어 한국의 클럽은 물 좋기로 소문났다. 얼짱, 몸
짱 열풍으로 요즘 한국 처자들의 외모 수준은 전 세
계 어디에 내놔도 뒤지지 않을 정도로 '브라보'다. 어
디선가 전 세계 클럽 미모 순위를 매겼는데, 믿거나
말거나, 한국이 다섯 손가락 안에 들었단다. 그런데
비싸다. 강남에서 룸 잡고 노는 비용이 100만 원을
훌쩍 넘어간다. 학생이 많은 홍대 클럽이라면 몰라도
강남에선 '순수 클러버'를 찾기 힘들다. 작업하고 싶
으면 룸 잡고 비싼 양주를 무조건 두 병은 시켜줘야
한다. 이유는 모르겠지만, 술 마시러 가는데 다들 꼭
차 끌고 간다. 당연히 외제차로. '나 이런 사람이야!'
라고 보여주지 않으면 클럽에서는 관심 받기가 힘들
다. 한국에서는 클럽이 왜 '돈 자랑' 하는 공간으로 변
질되었는지 알다가도 모를 일이다. 이런 상상도 해봤

돈페리뇽이 70만 원이
란다. 장난하나? 코스
트코에서 3만 원 하는
크라운 로얄(캐나다 위
스키)도 바에 가면 20
만 원이 넘는다. 조니
워커 블루(면세점에서
사면 25만 원)는 100만
원 가까이 된다. 한국
에서 양주는 지나치게
비싸게 팔린다.

테이블 위에 자동차 키
를 올려놓는 것이 기본
이다. BMW 3시리즈만
되도 클럽에서 타율이
비약적으로 높아진다.
이런 이야기를 하면 대
부분 여자들은 "요즘
여자들 안 그런다"라고
말한다. 그런데 클럽에
가는 남자들은 "열에
아홉은 넘어온다"라고
말한다. 도대체 누구
말이 맞는 거냐?

다. 주점을 룸처럼 만들어놓고 방문 앞에 '20대 남자 3인, 차는 BMW 5시리즈 디젤, 금일 예산 50만 원' 이라고 써 붙이는 시스템은 어떨까 라고 말이다. 또는 '30대 남자 2인, 금일 차 없지만 신용카드 무제한 사용 가능' 이라고 적든가.

그러니 돈 없는 학생, 돈은 있지만 나이가 찬 아저씨들은 낄 수가 없다. 돈 없으면 클럽 갈 생각을 못하고, 나이가 지긋하시면 수질 관리 필터에 걸리고 만다. 그렇게 클럽에 출입이 불가능한 수컷들은 갈 곳이 마땅히 없다. 돈 없이 할 수 있는 짓이라곤 야동 보면서 혼자 해결하는 방법밖에 없다. 아저씨들이 이성과 스스럼없이 어울릴 수 있는 곳은? 룸살롱? 평범한 샐러리맨들에게는 턱없이 비싸다. 노래방에서 도우미 부를까? 젊으면 창피하고 아저씨들에겐 구차한 대안이다. 바에 가서 양주 시켜놓고 바텐더 아가씨와 대화를 시도? 손도 못 잡아보니 차라리 달님을 벗 삼아 편의점에서 맥주 한 잔 걸치는 게 나을지 모른다. 그러다가 땅바닥에 떨어져 있는 **퇴폐업소 전단지**나 힐끔거리고, 집에 가문 걸어 잠그고 오늘도 여자 19호 보면서 나의 손을 애인 삼는다.

한국에 비해 방콕의 클럽은 훨씬 인간적이다. 할아버지라도 당당하게 자리를 잡고 놀 수 있다. RCA의 '루트66' 에 가면 예순 정도 되어 보이는 가발 쓴 태국 어르신 한 분 계신다. 가끔 오신다. 혼자 오셔서 정말 자~~알 놀다 가신다. 멋지다. 웨이터들도 그분을 못마

주말이 되면 RCA 클럽은 테이블이 앞길까지 차지할 정도로 손님으로 넘쳐난다.

땅해하거나 박대하지 않는다. 한국에서는 제이제이에서나 볼 수 있는 그런 모습이다. 30살은 젊다. 40살, 50살이 되어도 능력만 되면 클럽 안에서 작업이 가능하다.

그렇다고 성인 나이트 같은 분위기를 상상하지 말자. 말 그대로 클럽이다. 몇 년 전까지만 해도 '디제잉이 촌스럽다'는 평가가 있었는데, 요즘은 방콕 클럽의 디제이들은 수준급이다. 한국 클럽과 비교해도 손색이 없다. 여자 손님들은 한국 잘나가는 클럽과 비슷하다. 얼굴은 한국 처자들을 따라갈 수 없을지 몰라도 그녀들의 몸매만큼은 압권이다. 원래부터 타인에게 친절한 국민성인데다 외국인인 덕분에 한국인 아저씨가 말을 걸거나 건배 제의를 해도 친절하게 받아준다. 말을 걸면 대화에 응한다. 능력껏 꾀어내면 더 재미있게 놀 수 있다. 한국 아저씨들이 대한민국 그 어디에서도 할 수 없는 '짓'을 이곳에서 할 수 있다.

클럽 밀집 지역은 대략 세 군데 정도다. 우선 가장 유명하고 규모가 큰 곳은 RCA다. 굳이 설명할 필요도 없을 만큼 유명한 지명이다. 길 이름이 로열 시티 애비뉴(Royal City Avenue)를 줄여 RCA라고 부른다. 한국 20~30대 남자 여행자들에게 최고의 '핫 스팟'으로 통한다. 저녁 9시부터 새벽 4시 정도까지 영업한다. 원래 2시 정도면 문을 닫았는데, 최근 들어 영업시간이 점점 늘어나는 추세에 있다.

통로(Thong Lor) 지역에 있는 클럽들도 유명하다. RCA와는 달리 클럽이 이곳저곳 산재되어 있다. 방콕의 돈 많은 젊은이들이 주요 고객으로, 한국으로 따지자면 강남 일대의 클럽이라고 생각하면 된다. 가격대가 딱히 비싸진 않지만 RCA에 비해 손님들의 퀄리티가 매우 고급스럽다는 느낌이 든다. 단, 시간대별로 방콕 로컬 밴드의 라이브 공연이 있어 친숙하지 않은 한국인에게는 다소 지겨울 수도 있다. 하지만 수질만큼은 확실하다. 반대로 그만큼 홈런을 칠 가능성은 낮아진다.

통로 BTS역에서 북쪽으로, 펫차부리 MRT역에서 동쪽으로 직선을 쭉 그어서 만나는 지점에 있다. 대중교통이 없기 때문에 택시를 타야 한다. 카오산에서는 100바트가 약간 넘고, 수쿰빗에 서라면 60바트 정도 나온다.

청담동이라고 생각하면 된다. 통로 BTS역에서 내려 수쿰빗 쏘이 55를 따라 북쪽으로 이어진 곳이다. 통로 쏘이 8부터 13 정도까지가 '핫 스팟'이다. 일본식 식당과 바 등이 있는데, 가격대가 한국보다 비싸다. 식사는 두당 1만5천원 정도 잡으면 된다.

마지막 선택지는 애프터 클럽이다. 수쿰빗 쏘이 20에 있는 윈저 호텔 지하의 '스크래치 독(Scratch Dog)'과 통로 쪽에 있는 '윕(WIP168)'이다. 이곳은 자정부터 새벽 6시 정도까지 영업한다. RCA나 통로 클럽의 영업이 끝나면 이곳으로 이동해서 철야 클러빙을 하는 패턴이다. 그래서 RCA와 통로 클럽들 앞에는 폐점시간 때마다 일대 교통혼잡이 벌어진다. 하지만 일반인보다는 업소 아가씨들이 많고, 시간상 술에 많이 취한 처자들이 많은 덕분에 '얻어먹기 좋아하는' 한국인들 사이에서 가장 홈런을 치기 쉬운 성지로 통한다. 단, 이곳에서는 돈을 요구하는 처자들이 많다. 주로 외국인 손님을 상대하는 프리랜서 선수들이다. 아침 시간에 문을 여는 클럽들도 있다.

반복되지만, 사람이 너무 많아서 못 들어갈 수는 있어도 나이가 많다거나 외모 상태 때문에 출입을 거절당하는 곳은 없다. 반바지에 '조리'를 신고 가도 외국인인지라 대부분 그냥 들어보내준다. 이런 모습을 방콕 현지 친구들에겐 꼴사납게 보일지도 모르겠다. 하여튼 멍석은 깔려 있다. 잊혀졌던 당신의 재주와 능력을 깨우면 된다.

로 쏘이 10을 따라 조금만 걸으면 '뮤즈'가 나타난다. 방콕의
하이소(High society; 상류층)' 특유의 분위기를 맛볼 수 있다.

클럽 업소명의 작명 수준은 참으로 근사하다. 저렇게 멋진 이름을
어떻게 생각해냈을까, 라는 부러움이 든다.

방콕 클럽에서 깜짝 놀랄 만큼 많은 한국인과 만날 수 있다.

수쿰빗 쏘이 11로 들어가면 서양인 취향의 클럽과 바를 찾을 수 있다. 우리의 취향은 아니지만 파티를 즐기기에 는 부족함이 없다.

P선생,

"통로에 산티카(santica)라는 클럽이 있었어요. 그때는 한국인이 나밖에 없었죠. 불타서 없어진 전설적인 클럽이에요. 건물 한 채, 주차장이 있었고, 안으로 들어가면 고급스럽게 잘해놨어요. 태국 로컬 음악이 나오고. 천장이 굉장히 높았던 걸로 기억해요. 건물 자체가 굉장히 예뻤어요. 처음 그곳에 갔을 때, 백인도 없었고, 나 혼자만 외국인이었어요. 말도 안 통해서 처음에는 다들 저를 소나 닭 보듯 했어요. 작업도 전혀 불가능. 그냥 음악 듣고, 술 마시다가 집에 가는, 그런 의미의 장소였어요."

2008년 12월 31일 클럽 폐업 파티에서 대형 화재가 발생해 66명이 목숨을 잃었다. 구글에서 검색해보면 끔찍했던 당시의 아수라장 사진을 확인할 수 있다.

RCA에서 가장 물이 좋다는 '루트66'의 계산서

- 조니 워커 블랙 1리터 = 1,800바트(63,000원, 킵 가능)

- 믹서(콜라, 소다수, 얼음) 1세트 = 160바트(5,700원)

- 웨이터 팁 (1회) = 100바트(3,500원)

- 합계 = 72,200원

한국에서 72,200원으로 무얼 할 수 있을까?

클럽 ② RCA 1

"RCA에 뭐가 있고, 뭐가 있고…"라는
식의 설명은 불가능하다.
나란히 붙어 있는
슬림(Slim), 플릭스(Flix), 루트 66
레벨(Route 66 The Level)과
노벨(Novel)이 주요 행선지다.

이름도 멋있다. 로열 시티 애비뉴(Royal City Avenue). 줄여서 'RCA'라고 부른다. 지도에서 통로 BTS역으로부터 위쪽으로 직선을 긋는다. 이번에는 펫차부리 MRT역에서 오른쪽으로 다시 선을 죽 긋는다. 두 개의 선이 만나는 지점에 RCA가 있다. 대한민국 남자들의 테스토스테론 배양소, 그들의 자신감 화수분, 그들의 안식처, 그들의 진정한 놀이터 RCA로 들어간다.

언제나 그렇듯이 택시를 탄다. RCA는 대중교통 편이 없어서 택시가 유일한 교통수단이다. 택시 기사가 "디스코?"라고 물어봐서 그렇다고 대답했더니 태국어로 뭐라 뭐라 떠들면서 다른 길로 들어서려고 한다. 다시 RCA로 가자고 하니 또 태국어로 열심히 떠든다. 알아듣진 못하지만 "내가 아는 클럽이 더 좋으니 그쪽으로 가자"는 뜻이라는 게 뻔히 읽힌다. 겁먹지 말고 즉시 "내려 달라"고 말하면 대부분 포기하고 나를 안전하게 목적지로 데려다 준다. 이 자식이 지금 장난하나.

"RCA로 가자니깐"이라고 굳은 표정으로 말하니 기사는 무안한 듯 여기저기를 쳐다보다가 그제야 제 방향으로 핸들을 꺾는다. RCA에 도착하니 미터기에 64바트라고 찍힌다. 하는 짓이 알미워서 100바트짜리를 내고 잔돈 36바트까지 정확히 다 받아낸 뒤에 내렸다. 제대로 신속배달 해줬다면 수고비 포함 100바트를 온전히 받을 수 있는 기회를 이런 식으로 스스로 날리

어디를 가든 이런 택시 기사가 있다. 자기가 아는 업소(마사지, 클럽 등등)로 손님을 데려가면 주유 바우처를 받을 수 있기 때문이다. 손님에게 요금까지 받으니 일석이조다. 방콕 현지 지리에 어두운 여행자로서는 예방이 불가능한 수법이다.

영어 어렵지 않다. 다 짜고짜 "Stop here"라고만 해도 된다. 아무 생각 안 나면 최대한 목소리 깔고 그냥 "스톱!"이라고 외치자.

는 택시 기사들이 방콕에는 굉장히 많다.

RCA 클럽가로 들어서니 벌써부터 웅장한 베이스 음량이 가슴 속을 파고든다. 쿵, 쿵, 쿵. 세븐일레븐에서 껌과 음료수를 사고 이곳에서 만나기로 한 후배 녀석을 기다린다. 젊은 청춘 남녀들이 세븐일레븐 앞에서 임전태세를 갖추고 있다. 매번 느끼는 거지만, 이곳 여자들 참 몸매 좋다. 촌스러운 화장법과 패션만 조금 손본다면 정말 화끈하게 재탄생할 수 있는 처자들이다.

만나기로 했던 한 후배가 카톡을 보낸다.

"형, 여기 농수산물시장 같은 데 내렸는데 여기가 RCA 맞아요?"

대충 맞다. 그런데 너무 일찍 내렸다. 택시를 타고 RCA 안쪽까지 들어와 클럽 앞에서 내려야 했다. 아마도 택시 기사가 더럽게 무성의한 녀석이었나 보다. 또는 주차요금소를 지나가기를 죽기보다 싫어하거나. 귀찮게시리 후배님 픽업하러 대로까지 걸어나가야 하게 생겼다.

농수산물시장 같아 보이는 곳은 RCA의 북쪽 입구다. 머리 위로 고속도로가 지나가는 곳이다. RCA 입구는 주차요금소와 함께 거대한 주류 간판들로 장식되어 있어 찾기가 매우 쉽다. 진로 소주의 광고판이 조니 워커, 잭 다니엘 등의 세계적 브랜드 틈에서 고군분투

RCA 지역의 북측 입구. 들어서는 지점부터 강렬한 베이스 음량의 진동이 느껴진다.

중이다. 이곳에서 들어가면 오른쪽으로 클럽들이 이웃해있다. RCA 남쪽 입구로 진입하면 당연히 클럽이 왼쪽에 있게 된다. 탁 트인 시야, 번쩍거리는 네온사인 그리고 길거리 먼지까지 띄울 만큼 울리는 웅장한 베이스 음량이 이곳이 RCA라는 사실을 알려준다. 그 좌우로 다른 업소도 있는데, 희한하게 금방 망해서 간판만 자주 바뀌니 "RCA에 뭐가 있고, 뭐가 있고…"라는 식의 설명은 불가능하다. 나란히 붙어 있는 슬림(Slim), 플릭스(Flix), 루트 66 레벨(Route 66 The Level)과 노벨(Novel)이 주요 행선지다.

후배는 반팔 폴로셔츠에 반바지 그리고 조리 차림이다. 우락부락하게 생긴 인상 덕분에 정말 '형님' 처럼 보인다(실상은 더럽게 착한 놈이다. 여자 앞에서 제대로 말도 못한다). 현지인은 이런 차림으로 클럽에 들어가지 못하지만, 고맙게도 외국인 고객인 우리는 거침없이 통과한다. 간단한 신분증 검사를 받아야 하는데, 여권(사본도 가능)이 없으면 한국의 주민등록증이나 운전면허증도 사용 가능하다. 의미를 아는지 모르는지 어쨌든 보여주면 대충 훑어보고 오케이 사인을 보낸다. 입장료(Enterance fee)를 지불해야 할 때도 있다. 정확히 어떤 요일에 얼마의 입장료를 받는 건지 그 기준을 알다가도 모르겠더라. 물어보면 "주말에만 받습니다"라고 대답하는데, 한 번도 그들의 설명이 맞았던 적이 없었다. 하지만 그리 신경 쓸 필요는 없다. 입장료로 산 바우처로 클럽 안에서 술을 구입할 수 있기 때문이다.

술을 많이 마시진 않지만 방콕 클럽에서는 무조건 양주 보틀 주문이 진리다. 작업을 하려면 테이블이나 부스에 진을 쳐야 하고, 그러려면 양주를 시켜야 한다. 방콕 클럽에서 맥주 들고 이리저리 돌아다니는 여성 동지는 '백프로' 한국인들이다. 여자는 여자라서 봐주지만, 수놈 메뚜기들은 혼자 조용히 즐기다 시간 되면 귀가하셔야 한다. 물론 그럼에도 불구하고 혼자 와서 잘 놀고 가는 고수들도 적지 않지만, 그렇게 담대한 여행자는 지금까지 본 적이 없다.

양주를 병째로 주문하는 또 하나의 이유는 착한 가격 덕분이다. 가장 싼 메뉴는 조니 워커 레드 750밀리리터 보틀로 1,500바트 정도 한다. 헤네시로 가면 3,500바트 정도로 가격이 뛰는데, 굳이 그렇게 무리할 필요는 없으니 1,900바트짜리 조니 워커 블랙 1리터로 주문한다. 여기에 믹서(mixer; 양주와 섞어 마시기 위해 필요한 모든 것)로 얼음, 콜라 2병, 소다수 1병을 주문하니 도합 2,100바트가 된다. 100바트를 웨이터에게 팁으로 꽂아준다. 한국 돈으로 대충 8만 원 남짓. 이래서 방콕 클러빙을 즐기는 우리는 한국에서 양주를 마시기가 싫어진다. 1리터짜리 한 병? 당연히 하룻밤에 다

태국 현지인은 이럴 때 보통 20바트 정도 주고 만다. 하지만 한국인에게 100바트(약 3,700원)는 큰돈이 아닌 덕분에 과감하게 줘버린다. 클럽 웨이터들도 외국인 손님을 맡기 위해 애쓴다. 하룻밤 한국 돈으로 2만 원 정도만 팁으로 써주면 웨이터들은 충성(내가 찍은 여자 손님을 데려온다든가)을 다한다.

방콕 클럽은 저렴한 술값이 무엇보다 매력적이다. 1리터짜리를 주문해도 한국의 어설픈 바, 클럽에 비해 30퍼센트 정도의 가격이다.

마실 수 없다. 남은 술은 웨이터를 불러 '킵(keep)' 시킨다. 다음 날 와서 믹서 값만 내고 놀면 된다.

비흡연자 후배가 "형, 여기 담배 피우는 사람이 없어요"라면서 놀란다. 그렇다. 방콕 클럽은 모두 실내 금연이다. 공기 중에 담배 연기가 없고, 바닥에 흥건한 침과 꽁초가 없으니 굉장히 깔끔하다. 담배는 야외 테이블에 나가서 피워야 한다. 야외 테이블은 별로 인기가 없어서 평일 저녁에는 항상 비어 있다. 조용히 술을 마시고 싶다면 야외 테이블을 잡으면 된다. 단, 손님이 많아지는 금요일과 토요일은 클럽 앞 차도까지 모두 야외 테이

블로 채워지고 거의 만석이 된다. 그렇게 되면 택시를 타고 뒷골목
으로 돌아가야 한다. 야외 테이블에서는 작업이 불가능하지만, 친구
들끼리 사심 없는 자리라면 사방이 탁 트여 있기 때문에 이곳을 추
천하고 싶다.

RCA 클럽에는 룸이 없다. 중앙 홀에 부스가 배치되고, 벽면 쪽으
로 소파 테이블이 놓여 있다. '슬림'에는 아예 소파 테이블도 없다.
전원 기립 상태로 처음부터 끝까지 달려야 한다. '슬림'의 상석은 디
제이 박스 바로 앞, '루트'의 상석은 중앙 통로 부근이다. 한국처럼
멋지게 소파 테이블에 앉아서 '똥폼' 잡아봤자 아무도 쳐다보지도
않고 와주지도 않는다.

재강조하지만, 방콕 클럽에선 술값이 저렴하므로
돈 자랑할 수가 없다. 유일한 돈 자랑은 람보르기니를
타고 오거나 경호원을 내 뒤에 세우는 방법뿐이다. 그
러니 초반 위치 선정이 매우 중요해진다. 웨이터와 얼굴을 터놓으면
여러 모로 유용하다. 입장 때부터 팁을 꽂아주면서 부탁하면, 양 옆
으로 여자 손님들을 알아서 붙여준다. 바로 옆 부스에 여신께서 강
림하시면 작업은 쉬워진다.

P선생,

"20대 폭풍 간지는 뭐든지 돼요. 한국에서는 외모만 좋아선 안
되잖아요. 차도 좋아야 하고, 직업도 좋아야 하고. 여기서는 그런 거

방콕 클럽에서는 수많은 파티가 연중 개최된다. 위스키, 맥주 등의 주류 브랜드가 주된 호스트로 클러버들의 사랑을 받는다.

방콕 클럽의 디제잉은 수준급이다. 파티나 연말연시의 특별한 날과 잘 만나면 세계적 디제이의 공연을 즐길 수도 있다.

물어보지 않아요. 외모만 멀쩡하면 뭐든 오케이. 한국에서는 까임 당하는 백수, 돈 없는 대학생들이라도 간지만 나오고, 태국말 조금만 할 줄 알면 돼요. 안 되는 영어 할 필요도 없어요. 그래 봤자 여기 애들이 못 알아들으니까. 이곳 여자들은 또 남 눈치를 잘 안 봐요. 한국 여자들은 마음에 드는 남자가 있어도 같이 놀러 온 친구들 눈치를 보잖아요. 여기서는 그렇지 않아요. 오히려 같이 온 남녀 친구들이 막 연결해줘요. 더블로 작업이 된 적이 있는데, 나는 침실에서, 친구 녀석은 거실에서 각각 잤어요. 시행착오를 많이 거치면서 그런 문화적 차이를 조금씩 알게 되더라고요."

클럽 ③
RCA 2

클러빙 목적이 '작업' 이라면
수색에 심혈을 기울여야 한다.
화장실 가는 길,
담배 피우러 가는 길,
바람 쐬러 가는 길 등등에서
미녀들의 위치를 정확히 파악해놓는다.

기승전결. 소설에도, 영화에도, 연애에도, 인생에도 모두 기승전결이 존재한다. 일으켜 시작하고, 이어받고, 한 번 정도 돌려본 다음에 끝맺는다. 결론이 다짜고짜 맨 앞에 있어야 하는 신문기사가 무미건조하게 느껴지는 것처럼 세상만사 기승전결이 있어야 감칠맛난다.

RCA에서 볼일을 마치고 저녁식사를 했다. 밥 먹었으니 세븐일레븐 앞에서 담배 연기를 맛나게 내뿜고 있었다. 시곗바늘은 이제막 9시를 지나가는 중이었다. 클럽들은 하나둘씩 오늘의 영업을 준비중에 있었다. 그때 코앞에 택시가 한 대 서더니 그 안에서 장정 4명이 우르르 내린다. 폴로티, 야구 모자 그리고 트루릴리전 청바지. 물어보나마나 한반도에서 지금 막 도착한 젊은이들이다.

"야, 여기가 RCA냐?"

"존나게 크네!"

"야, 어떻게 해야 하는 거야?

"여긴 네가 제일 잘 아니까 네가 하라는 대로만 할게."

"그나저나 배고픈데 들어가기 전에 밥 좀 먹자."

"어디서 먹어야 하지?"

베지터 눈에 달린 렌즈로 측정하면 아마도 '극도의

RCA 세븐일레븐 앞에서 친구를 기다린다. 수많은 클러버들이 이곳에서 클러빙을 시작한다.

흥분상태. 건드리면 터질 수도 있음' 이라고 쓰여 있을 것 같다. 다들 '이곳이 말로만 듣던 RCA! 오늘 다 죽었어!' 라는 생각으로 머릿속이 가득하다. 그런데 이걸 어쩌나? 저녁 9시에 이곳에 오는 사람들은 그대들 외에는 클럽에서 일하는 직원들밖에 없을 텐데. 어디 가서 한두 시간 때우다가 와야 한다. 기승전결 중 '기'를 너무 빨리 시작했다. 숨 고르고, 천천히, 천천히.

평일에는 밤 10시에서 10시 반 사이에 가면 좋은 자리를 맡을 수 있다. 이때가 이른바 '기(起)'에 해당한다. 오늘 하루 재미있게 화끈하게 놀아 제치기 위한

'좋은 자리'가 남아 있으니 밤 10~10시 반도 사실 꽤나 이른 시간이라는 뜻이다. 굳이 상석을 차지할 생각이 없다면, 느긋하게 11시 넘어서 가도 된다. 클러빙의 목적이 오로지 작업이 아니라면 말이다.

주말의 클럽은 제대로 서 있기조차 힘들 정도로 손님이 많아진다. 화장실 한 번 다녀오려고 해도 꽤 긴 시간이 소요된다.

마음가짐을 다지는 준비단계다. B선생은 평소 깔끔하고 준비성 투철한 성격답게 10시 약간 넘어서 클럽에 도착한다. 방콕력(歷)이 어느 정도 되는 친구들은 전화로 테이블을 예약해놓기도 한다. 하지만 아직 그렇게 하면서까지 방콕 클럽에서 뼈를 묻을 필요가 있을까, 라는 생각도 든다. 클럽 가기 너무 늦었으면 그냥 발 닦고 자면 되니까. 아! 그런데 얼마 전에 Y선생이 이런 말을 한 적이 있다.

"방콕에서는 클럽 안 가고 그냥 집에 있으면 밤이 정말 길어요. 와, 막 미치죠. 클럽 갈 생각이 전혀 없다가도 안 가면 손해 보는 것 같은 느낌이 들어서 어쩔 수 없이 혼자 갈 때도 많아요."

밤 11시부터 자정까지는 '승(承)'이다. 디제잉도 밤 11시가 넘어가야 본격적으로 엔진을 가동한다. 술기운도 좀 돌고, 오늘 분위기도 대충 살피면서 슬슬 본격적으로 즐기기 시작한다. 믹서를 한 번 정도 교체할 때쯤 되면 선수들은 이미 주변 상황 파악이 다 끝나 있다. 옆 테이블은 물론 시계 안에 있는 '귀요미'들을 기가 막히게 찾아낸다. 이 분야에 있어선 B선생이 최고 능력남이다. B선생이 갑자기 "형님, 담배 피우러 가요. 빨리"라며 팔을 잡아당긴다. "이건 뭥미?"라면서 끌려 나갔다. 야외 테이블로 나가자 B선생이 "형님, 라이터 없는 거예요"라고 속삭인 뒤, 야외 테이블에 혼자 앉아 담배를 피우는 여자에게 접근한다. "저, 라이터 좀 빌릴 수 있을까요?"라면서 접근. 인사 나누고, 악수하고, 그래 넌 홍콩에서 왔다고? 그래그래, 하하하, 그럼그럼, 너희 부스 안 잡았으면 우리랑 같이 마시자, 하하, 그래그래. 작업 성공. B선생은 이 친구들이 클럽에 들어왔을 때부터 낙점해놨던 것이다. 대단한 작업 수완이다. B선생은 존경받을 자격이 있다.

자정이 넘어가 1시까지가 '전(轉)'이다. 자기들끼리 노는 그룹이라도 이때가 되면 다들 취기가 웬만큼 올라 클라이맥스로 향하는 시간대다. 클러빙 목적이 '작업'이라면 수색에 심혈을 기울여야 한다. 화장실 가는 길, 담배 피우러 가는 길, 바람 쐬러 가는 길 등등에서 미녀들의 위치를 정확히 파악해놓는다. 왠지 모르게 눈이 자주 마주

방콕 클러버들 사이에 껴서 열기를 함께 나눠도 좋다. '진상 짓'만 하지 않는 이상 클러버들은 친절함
을 아끼지 않는다.

치는 여자가 미녀라면 미소와 함께 자연스럽게 건배 제의를 해본다. 가까이 있는 손님들과도 친하게 놀자. 남자든 여자든 일단 술 마시고 쿵쿵거리는 베이스 소리 들으면서 즐기는 것도 클러빙을 알차게 만드는 방법일지어다.

외국인인 덕분에 제아무리 미녀라고 해도 건배 제의하고 예의 갖춰 인사 나누면 다 받아준다. 호기심인지 다른 심산 때문인지 여자 쪽에서 먼저 들이대는 경우도 잦다. 방콕 여인들은 내숭을 떨지 않는다. 마음에 드는 남자가 있으면 적극적으로 자기 의사를 표시한다. 갑자기 와서 난데없이 사진을 찍더니 "마이 프렌드 라이크 유"라고 말한다. 같이 온 친구를 나와 연결해주기 위해 돌격대로 나선 '정다운' 처자다.

당신의 피부가 하얗거나 키가 180 이상이거나 기타 귀여운 외모라면 방콕 클럽에서는 이런 경우를 상당히 자주 당할 것이다.

B선생과 함께 야외 테이블에서 담배를 피우고 다리에 쌓여가는 피로감을 풀면서 시계를 보니 1시다. '결(結)'의 시간이 왔다. 한국 남자들은 이때부터 여기저기를 두리번거리면서 바빠지기 시작한다. 낙점해놓았던 목표물을 향해 실제 작업에 들어가야 할 시간대이기 때문이다. 그렇다고 너무 사방팔방으로 들이대선 곤란하다. 기본적

위스키가 싫증났다면 시원한 보드카를 즐겨도 된다. 스미노프 '한 바가지'가 인기 품목이다.

으로 나는 클럽에서 외국인이다. 생김새가 비슷해 보여도 현지 손님들은 한눈에 우리를 외국인 그룹이라고 알아챈다.

우리도 한국에서 마찬가지다. 클럽뿐만 아니라 커피숍, 식당 등에서 외국인이 있으면 찰나의 시선만으로 그의 존재를 정확히 파악하고 기억해낸다. 특별히 잘생기거나 예뻐서가 아니라 그냥 우리와 다른 외국인이기 때문이다. 그런 외국인이 여기저기 지조 없이 마구 작업에 나서게 되면, 이른바 껄떡댄다면, 방콕 여인들의 눈에

기껏 작업을 걸었던 처자가 갑자기 "너, 여자친구 있잖아?"라고 말한다. 무슨 소리냐고 물어보니 "아까부터 너 봤는데, 옆에 있는 애랑 계속 놀던데"라며 관찰 결과를 폭로해주신다. 이 처자, 내가 하는 짓을 모두 지켜보고 있었다! "아니, 아니, 저 친구는 그냥 옆에 온 손님인데"라며 궁색한 변명을 늘어놔야 한다.

도 좋게 보일 리가 천부당만부당하다. 더군다나 태국 남자들 특유의 바람둥이 기질 때문에 이곳 처자들은 바람둥이를 가장 기피한다. 클럽에서도 이 여자, 저 여자와 시시덕거린 후 본인에게 다가선 남자라면 그가 외국인이라도 반응이 떨떠름해진다. '나는 눈에 잘 띄는 외국인'이라는 생각을 항상 갖고서 행동해야 한다. 그만큼 예의도 지켜야 하고 언행에 조심해야 한다. 분위기에 흠뻑 취해 즐기는 것도 좋지만, 너무 즐기면 당연히 현지인들 눈에는 좋게 보일 리가 없다.

작업에 성공한 B선생이 "나가서 국수나 먹어요"라고 말한다. RCA 북측 입구 밖으로 나가 고가 밑 공간에 성업 중인 노상 국수 식당에서 알코올 분해에 고생한 위와 간의 벽면을 따듯한 국물로 어루만져준다. 이곳에 들러 허기도 채우고, 서로간의 서먹함을 청소해낸다. 서로 음식을 챙겨주다 보면 친밀감이 더 높아진다.

재미있는 점은 이곳에서 작업을 하는 불굴의 사나이들도 있다는 사실. 모든 클럽에서 쏟아져 나온 처자들이 국수집에서 엉켜 있으니 당연히 못 봤던 물건들도 있기 마련이다. 말 걸기가 쪽팔리다고? 누차 강조한다. 우리는 외국인이고, 그녀들은 외국인한테 매몰차게 대하지 않는다. 식사가 끝났으면 택시를 잡는다. 이 시간에 이곳에서 손님을 기다리고 있는 택시는 수쿰빗까지 200바트를 달라고 요구한다. 안 타면 그만. 대기 중인 택시가 아니라 도로 위에서 정상운행 중인 택시를 타면 미터 가격만으로 저렴하게 호텔까지 돌아갈 수 있다. 숙소에 도착했다. 오늘도 수고 많았다. 토닥토닥.

클럽 ④
통로

클럽 앞에는 언제나 포르셰, 페라리,
람보르기니가 늘씬한 자태를 뽐내고 있다.
부잣집 아들과 그 옆에서
행복하게 미소 짓고 있는 '슈퍼' 미녀들.
태국에서 통용되는 '하이소(High Society의 준말)' 의
분위기가 이렇다는 걸
입증이라도 하는 듯한 분위기다.

인터넷이나 여행 책자에서 알 수 있듯이, 통로는 요즘 방콕 최고의 '핫 스팟'이다. 일본 자본이 조각해낸 통로의 풍경과 그 안에 속해 있는 사람들 모두 패셔너블하다. 빈부격차가 심한 국가이므로 태국은 상류층과 일반인의 경계가 더욱 뚜렷이 드러나는데, 통로가 바로 대표적인 '그들만의 리그'다.

각종 디저트로 유명한 '애프터 유(After You)'에 앉아 주위를 둘러보면 평상시 갖고 있던 태국이나 방콕에 대한 편견은 보기 좋게 배반당한다. 한눈에 봐도 머리부터 발끝까지 명품 브랜드로 치장한 손님들이 저마다 여유로운 표정으로 한가롭게 달콤한 디저트와 진한 커피를 즐긴다. 태국어를 못 알아듣지만 저들의 대화 속에서 대출 이자 상환, 직장 스트레스, 사회적 빈부격차 같은 화제가 담겨 있진 않을 거라는 사실만은 확실하다.

클럽에서 알게 된 방콕 처자(그냥 '아는 여자'라고 설명할 수밖에 없는 그런 그녀)와 '펑키 빌라(Funky Villa)' 앞에 있는 일본 정통 라면집 '라멘 챔피언(Ramen Champions)'에서 저녁을 먹었다. 라면 요리 경연대회에서 '챔피언' 먹으신 주방장들끼리 모여 개업한 고급 라면 식당이다. 라면 두 그릇, 군만두 한 접시, 음료수 두 잔을 시켜 먹고 계산대로 가니 750바트가 나왔다. 우리 돈으로 약 28,000원. 앞서 설명했듯이 이곳은 통로고, 내가 지금 먹은 것은 '김밥천국'의 3,500원짜리 떡라면이 아니다. 가로수길

파티에서 미녀가 빠질 수 없다. 이국적인 섹시미를 갖춘 파티 걸과 함께 뜨거운 클러빙을 즐길 수 있다.

방콕의 클럽에서는 신기할 정도로 긴 팔다리를 가진 미녀들을 구경할 수 있다. 구경만 할지 한번 도전해볼지를 결정해야 한다.

이나 청담동에 있는 이자카야와 거의 비슷한 가격대다. 이미 알고 있는 라면 값이라서 놀라진 않았지만, 자기가 먹고 싶다며 시킨 군만두에는 손도 안 대는 그녀를 이해하긴 어렵다.

그런 통로에서 즐길 수 있는 클럽이 몇 군데 있다. '펑키 빌라(Funky Villa)', '뮤즈(Muse)', '데모(Demo)', '낭렌(Nangren)' 등이 대표적이다. 매일 밤 방콕에서 가장 잘나가는 젊은 남녀들이 이곳으로 모여든다. 시설이나 디제잉은 다른 클럽들과 별반 차이가 없다. 확연하게 다른 점은 바로 '손님'들이다. 일단 현지인 비율이 압도적으로 높다. 심지어 돈 많은 족속들이다. 클럽 앞에는 언제나 포르셰, 페라리, 람보르기니가 늘씬한 자태를 뽐내고 있다. 부잣집 아들과 그 옆에서 행복하게 미소 짓고 있는 '슈퍼' 미녀들. 태국에서 통용되는 '하이소(High Society의 준말)'의 분위기가 이렇다는 걸 입증이라도 하는 듯한 분위기다. 시간대마다 펼쳐지는 '타이록' 밴드 공연도 로컬 분위기의 주된 이유가 된다. 귀에 익지 않은 밴드 공연이 외국인(특히 한국인)의 발걸음을 뜸하게 만들고, 그래서 클럽은 더 '방콕'스러워진다.

상석은 중앙 홀 중 밴드 공연 무대에서 가장 먼 쪽. VIP 손님들은 이곳에서 자리 잡는다. 화장실 가기가 편한 위치라서 그런가? 상석 주변에는 슈트 차림의 매니저들이 상시 대기한다. 뜨내기손님에겐 이 자리를 내주지 않는다.

딱 부러지게 묘사할 순 없지만, 그냥 한눈에 알 수 있는 부티가 흐른다. 동남아시아 특유의 인종적 특성을 전혀 갖지 않은 중국계 부잣집 자녀님들이다. 말을 시켜보면, 길거리나 직업여성 특유의 영어와는 전혀 다른 발음과 악센트가 나온다.

묘한 매력이 있다. '펑키 뽕짝 로큰롤 뮤직' 정도의 느낌이다. 태국어 특유의 앵앵거리는 발성과 함께 얽히고설켜서 듣다 보면 나도 모르게 리듬을 타게 된다. 아쉽게도 클럽에서는 모두 '카피 밴드'들이지만, 그들이 연주하는 곡들은 모두 히트곡들이어서 태국인 손님들의 반응은 열광적이다.

통로와 에까마이 클럽에서는 타이 록의 매력을 제대로 즐길 수 있다. 듣고 있으면 은근히 신난다.

함께 간 한국 남자들의 반응은 극과 극으로 나뉜다. 통로 클럽을 좋아하는 쪽의 이유는 초간단. 물이 좋아서다. 부잣집에서 태어나 좋은 교육 받고 미용에도 신경 쓸 여유가 많으니 당연히 이곳 여자 손님들은 세련미가 돋보인다. 외국인의 돈에 일희일비하는 천박한 구석도 없다. 시시껄렁한 외국인이 홍대 클럽에선 의기양양하게 아가씨들을 휘어잡을 순 있겠지만, 청담동 클럽의 아가씨들에겐 그냥 '백인 찌질이'들일 뿐이다. "꺼져줄래?"라는 말 듣기 십상이다. 다행히 통로 클럽의 '있는 집' 아가씨들의 매너가 그 정도는 아니다. 부잣집 자제분들께서도 대부분 친절하시다. 건배 제의도 다 받아준다. 하지만 작업은 확실히 어렵다. '낭렌'은 손님의 연령대가 너무 낮은 탓에 30세 이상의 한국 '아저씨'들이 꿈을 펼치기에는 여러 모로 적합하지 않다.

태국에서 꽤 놀아본 Y선생이 처음 '펑키 빌라'에 갔을 때가 기억난다. Y선생은 "대만족!"이라고 했는데, 이유는 직업여성이 없어서였다. 원래 클러빙의 목적이 즐기기 반, 작업 반이었던 Y선생은 "한국 사람들 없으니까 정말 살 것 같다"라며 만족의 포효를 우렁차게 내뿜었다. 한국 남자들이 우글거리며 섹스 사냥에만 열중하는 기타 지역의 클럽 분위기에 단단히 싫증이 나 있던 터였기에 '펑키 빌라'의 로컬 분위기가 무척이나 마음에 들었나 보다.

싫어하는 이유는 당연히 "작업이 어려워서"다. B선생은 RCA 클럽 다섯 번에 통로 한 번 정도로 클러빙 선택지를 안배한다. 통로 클럽에서는 아예 마음을 비우고 분위기 자체를 즐긴다. 그렇게 즐기다 보면 또 보너스처럼 좋은 인연을 만날 수도 있다는 느긋한 자세를 취한다. 발정 난 개새끼처럼 헐떡거리지 않고 여유 있게 즐길 수 있으니 가끔은 바람 쐬는 기분으로 통로 클럽으로 발길을 옮긴다.

물론 통로 클럽은 죽어도 싫다는 사람들도 많다. 쉽게 말해서 "예쁜 애들 구경만 하러 그 돈 쓰긴 싫다"라는 경제적 동물의 인생철학이다. '원 나잇 스탠드'를 클러빙의 유일무이한 목적이자 이유로 생각하는 부류다. 비난할 생각은 없다. 각자 취향과 바람과 노림수가 다를 테니까. 비슷한 맥락으로 뜨거운 밤을 찾아 방콕까지 날아온 단기 여행객에겐 통로 클럽은 '비추'다. '폭풍 간지'가 아니라면 짧은 시간 쪼개서 굳이 통로 클럽에 갈 이유가 없다. 외국인이랍시고 반 이상 먹고 들어가는 다른 클럽들과는 분위기가 많이 다르다.

나: 바람 좀 쐬고 올게. 담배도 피우고.
여: 같이 가.
(야외 테이블에서)
여: 넌 방콕에 사니?
나: 산다기보다 좀 길게 와 있어. 이것저것 리서치해야 할 것이 있어서. 넌 무슨 일 하니?
여: 비행기 타. 스튜어디스. 내일 비번이라서 친구들이랑 놀러 왔어.
나: 너 영어 되게 잘한다. 여기서 너만큼 하는 태국인 만나기 힘들어.
여: 그렇지 않아. 대학교 나오면 다들 잘해.

나중에 C선생에게 물어본 바, 태국에서는 스튜어디스도 아무나 할 수 있는 직업이 아니란다. 좋은 집안에서 태어나 고급 교육을 받은 '있는 집 여식'들만 할 수 있는 직업. 대화중에 나와 있는 것처럼 그녀의 영어는 수준급이었다. 하지만 그녀의 반응에서 어느 정도 통로 클럽을 이해할 수 있는 힌트가 담겨 있다. 왜냐면 태국에서 아무리 대학교를 나왔다고 해서 아무나 그런 영어 능력을 체득할 순 없다. 그녀의 말은 이렇게 해석할 수 있지 않을까? 그녀는 대단히 부유한 집안에서 태어났으며 어릴 적부터 지금까지 형성된 인간관계 자체도 상류층 안에서라는 계급적 특성을 나타낸 것이고, 따라서 그녀는 세상을 매우 아름답고 긍정적으로 바라보고 있는 거라고.

현지인 친구의 동생이 타이항공에서 엔지니어로 일한다고 하자 C선생은 "그럼 그 친구 집안 정말 좋은 걸 거예요. 타이항공 아무나 못 다닙니다"라고 말해줬다. 그의 말이 맞았다. 그 태국 친구의 아버지는 공군이었으며 친구도 호주에서 학부와 석사를 공부했다. 4인 가족 전원이 각자의 자동차를 갖고 있었다. 부친이 공군이냐는 말을 어떻게 믿느냐고? 그 친구가 타고 다니는 차의 앞 유리에는 독수리와 별이 그려진, 누가 봐도 공군 표식이라는 걸 알 수 있는 스티커가 붙어 있다. 공관 및 부대 출입용 스티커였다.

주말에는 손님이 너무 많은 탓에 서 있기도 힘들어진다. 부스를 잡으려면 9시 정도에 가야 한다. 좋은 자리는 상석에 가까운 중앙 홀 가운데 부근이다. 이곳 근처에 자리를 잡으면 돈 많고 인심 좋고 매너 좋은 VIP 손님들과 교분을 쌓을 수 있다. 물론 그렇게 되려면 당신도 어느 정도의 수준을 갖춰야 하겠지만, 어쨌든 가까운 거리에서 자꾸 눈 마주치고 하다 보면 친해지는 거 인지상정이다. 직업여성이 없

사실 손님이 너무 많아서 제대로 된 클러빙을 즐길 수가 없다. 좁디좁은 협탁 부스를 다른 손님과 공유해야 할 지경이 된다.

비싸서 엄두를 못 냈던 조니 워커 '블루 라벨'에도 도전해보면? '블루' 답게 방콕에서도 비싸지만 '물론' 한국보다는 저렴하다.

고, 사회적 지위도 일정 수준 이상의 손님들이 많으니 분위기 잘 봐 가면서 '인조이' 하시라. 깔끔하고 시크한 옷차림이 필수조건이다. 물론 구경만 하겠다거나 분위기만 즐기겠다는 마음가짐이라면 그렇게까지 신경 쓸 필요는 없어진다.

이곳 클럽들은 커플, 여성 '온리' 여행객 그리고 '어른 놀이'에 무관심한 '세인트' 남자 여행자들에게 추천하고 싶다. 로컬 문화를 흠뻑 맛볼 수 있고, 클럽 안 분위기도 다른 곳보다 얌전하고 품격 있기 때문이다. 물론 이곳 손님들도 팔팔한 혈기들이라서 축 늘어지거나 심심하지 않다. 수준 있는 현지 친구들을 만날 수 있는 좋은 기회를 만들 수도 있다. 하룻밤에 모든 걸 끝장내지 않아도 되는, 그런 여유가 있는 모든 이에게 통로의 클러빙을 추천하고 싶다. 어떻게든 '낭렌'에서 홈런을 치고 말겠다며 도전해본다면야 말릴 순 없지만.

클럽 ⑤
스크래치 독

방콕을 누비고 다니는
코리안 클러버들의
절대적 지지를 받는
'스크래치 독'은
참 오묘하고 복잡하고
어지럽고 더럽고 솔직하다.

"형님, 오늘은 작업하기도 귀찮으니까 그냥 주우러 가시죠."

방콕 뒷골목에 떨어져 있는 쓰레기 청소하러 가자는 소리는 물론 아니다. 서울에서도 하지 않는 청소를 방콕까지 와서 할 리가 없으니까. 그런데 수쿰빗 쏘이 20에 가면 여자를 주울 수 있다는 곳이 있다. 그 이름도 유명한 '스크래치 독(Scratch Dog)' 이다.

구글(Google)에서 '스크래치 독' 을 쳐봤다. 검색결과들이 장마철 비 오듯 주르륵 떨어진다. '스크래치 독' 에 갔는데요, 일하는 여자를 공짜로 따먹었어요, '스크래치 독' 은 어떻게 가죠, 등등 참 다양하기도 하다. '스크래치 독' 의 오너는 자기 클럽이 한국 인터넷에서 이렇게 유명하다는 사실을 알고나 계실까? 방콕을 누비고 다니는 코리안 클러버들의 절대적 지지를 받는 '스크래치 독' 은 참 오묘하고 복잡하고 어지럽고 더럽고 솔직하다. 작업이 가장 쉬운 곳, 홈런 타율이 가장 높은 곳, 그래서 한국 남자들이 정말 많은 곳, 다들 '내가 제일 잘나가' 라고 착각하는 곳, 하지만 알고 보면 여자들이 남자 머리 위에서 노는 곳, 스크래치 독이다.

C선생이 본 방콕 최고의 고수는 이렇다. 새벽 3시 정도에 스크래치 독에 홀연히 나타난다. 클럽 친구들과 인사를 나누면서 분위기를 살핀다. 목표물을 정한 뒤, 화려한 말솜씨로 아가씨의 정신을 혼미하게 만든 뒤 당당히 데

거의 매일 클럽에 오신다. 입구로 들어갔는데 바에 앉아 시샤를 즐기고 있는 중절모 할아버지가 보인다면 정중하게 인사드리자. 사장님이시다.

일명 애프터 클럽이라고 하는 '스크래치 독' 은 자정부터 새벽 6시까지 영업한다. RCA, 통로 클럽이 문을 닫으면 다들 이곳으로 몰려온다. 일을 끝마친 직업여성들도 이곳으로 발걸음을 옮긴다. 그래서 이곳은 새벽 2~4시가 손님이 가장 붐빈다. 통로에 있는 '윕(WIP)' 도 유명하다. 하지만 최근 들어 다른 클럽들이 새벽 4시경까지 영업시간을 늘리는 통에 애프터 클럽의 영업에 큰 타격을 주고 있다.

애프터 클럽으로 향하는 발걸음을 위해 항상 택시가 줄지어 기다린다.

리고 나간다. 소요시간은 고작 1시간 반에서 2시간. 직접 만나본 적은 없지만, 정말 대단한 고수 중 고수임에 틀림없다. 그렇게 효율적인 홈런 타자는 메이저리그에서도 찾기 힘들다.

스크래치 독의 손님은 크게 네 가지 부류로 나뉜다. 첫째, 마사지, 가라오케, 아고고바 등에서 근무하는 직업여성들이다. 각자 근무를 끝마치고 이곳에 와서 스트레스를 푼다. 겸사겸사 손님이 걸리면 따로 돈도 챙길 수 있다. 둘째, 클럽들을 돌아다니면서 외국인 관광객만 상대하는 프리랜서 직업여성들. 한 클럽을 두세 달 정도 집중적으로 공략한 뒤, 다른 클럽으로 옮겨 다닌다. 돌다 돌다 다시 나타나기도 한다. 그녀들은 주로 방콕 현지 분위기에 어두운 외국인 '호구' 들을 노린다. 셋째, 단순히 클럽을 좋아해서 밤새도록 클럽에서 놀고 싶은 여자들. 자주 다니면 친구가 되어 기분에 따라 우정 위에 몸을 얹혀주기도 한다. 넷째 부류? 그런 여자들과 놀고 싶은 한국 남자들이다. 이들은 인생의 고뇌, 낮 시간에 쌓인 업무 스트레스, 미래를 위한 성찰 등을 하기 위해, 라는 건 몽땅 개소리. 오로지 섹스를 위해서 이곳 '스크래치 독'에 온다. 그들은 대단히 솔직하고 직설적이다.

스크래치 독에서는 모두가 솔직해진다. 직업여성들과 남자 손님들이 클럽이라는 자유 공간에서 서로 얽히는 '섹스 장터' 이기 때문이다. 그래서 나이 지긋한 아저씨들도 이곳에서는 과감해진다. 다짜고짜 들이대는 남자들도 많은데, 신기하게도 그런 마구잡이식 작업도 잘 먹혀 들어가곤 한다. 남자친구와 동행 여부만 파악하고 난 뒤, 건배, 통성명, 포옹, 어깨동무 식으로 자연스럽게 옮겨간다. 여자 쪽에서도 솔직하게 다가올 때가 잦다. 대부분 프로들이다. 눈치 백단들이니 한눈에 "저 녀석, 잘만 꾀어내면 오늘 돈 좀 쏠쏠하게 뽑겠다"라는 견적이 나오고 곧바로 실행에 들어간다.

꺼떠이들도 적극적으로 남자들에게 들이댄다. "야, 저기 쟤가 나 지나가는데 손을 슬쩍 잡더라고"라며 초보자들의 마음을 설레게 하지만, 쳐다보면 백이면 백 '형님' 한테 대시를 받으신 경우가 잦다. 남자는 지금 당장 품을 수

> 트랜스젠더. 돈이 없어 성전환수술을 하기 전 상태인 친구들도 매우 많다.

술에는 장사가 없다. 심장까지 울리는 강렬한 음악이 더해지면 취기가 더한다.

그녀들은 사진을 사랑한다. 어둡고 어지럽지만 사진으로 남기는 노력을 줄이진 않는다.

있는 대상을 찾고, 여자는 두둑한 돈을 챙겨줄 손님을 찾는다. 서로 재고 자시고 없다. 돌직구를 던지고, 스트레이트 펀치를 날리고, 엔터키를 치면 된다.

매캐하다. 담배와 시샤 연기로 자욱하다. 엄청난 음량으로 베이스 앰프가 쿵쿵 울린다. 계단을 내려가 입구로 들어가면 클럽 내부가 한눈에 들어온다. 시간도 시간이니만큼 다들 얼큰하게 취해 있는 상태다. 옆 테이블 아가씨가 귀엽다 싶었는데, 조금 뒤 보니 일본인 아저씨의 품에 안겨 만족스러운 미소를 짓고 있다. '호구' 손님 제대로 물었다. 아저씨의 표정에서 행복감이 묻어난다. 저런 상태라면 5,000바트를 불러도 가능할 것 같다. 호구면 호구일수록 화대는 비싸진다. 반대로 태국어가 유창하고, 이곳 단골이면 단골일수록 화대는 무의미해진다. 그래서 스크래치 독의 처자들은 얼굴이 익은 남자들한테는 좀처럼 접근하지 않는다. "오빠한테 돈 받으려고? 에이 왜 그래~"라는 소리 듣기 싫으니까.

여기저기 한국인 손님들로 가득하다. 한국에서부터 익히 들어왔던 방콕 최고의 관광명소에 왔으니 다들 들뜬 표정들이다. 너무 자주 와서 서로 얼굴이 낯익은 녀석들과는 눈이 마주치지 않도록 주의한다. 어쩌다 눈이라도 마주치면 서로 어색하게 고개를 돌린다. '저

자식 오늘 또 왔어, 젠장'이라는 눈빛을 어렵지 않게 읽을 수 있다. 아예 '저 녀석들하고 얼굴 트고 재미있게 같이 놀아볼까?'라는 생각 까지 든다. 어차피 여기까지 와서 서로 으르렁거릴 필요는 없을 테니 말이다. 어쨌든 오늘도 스크래치 독에는 직업여성과 한국인 손님들이 한데 어울려 광기를 뿜어내고 있다.

P선생은 스크래치 독의 오랜 단골이다. 매니저부터 웨이터, 바운서(한국말로 '기도' 형님들)까지 줄줄이 꿰고 있다. 아무리 초만원이라고 해도 얼굴만 들이대면 금세 부스가 생긴다. 심지어 킵(keep) 기한을 넘긴 주인 없는 양주를 갖다 주기도 한다. VVIP 고객이다. P선생의 생물학적 나이는 마흔을 훌쩍 넘겼지만, 이곳에서는 잘나가는 선수다. A급 직업여성들이 서로 친한 척한다. 평소 운동을 좋아하는 덕분에 몸도 탄탄하고, 매너 있게 행동하는 게 최대 영업비밀이다.

방콕에서 직장 생활을 하는 A선생은 손가락으로 여자 손님들을 가리키며 "쟤, 쟤, 쟤, 그리고 쟤. 다 한 번씩 딴 애들이에요. 이젠 여기 창피해서 오질 못하겠네"라며 자랑인지 불평인지 모를 말을 한다. C선생은 "그냥 찍기만 하면 내가 데려올게요"라며 깊은 내공을 자랑한다. 그들을 폄하하는 것은 결코 아니지만, 외모를 떠나 그들 모두 한국의 클럽에서는 절대로 그런 패기를 부릴 만한 연령대가 아니다. 하지만 그들 모두 스크래치 독에선 잘나가는 외국인 남자들로 변신한다. 실제로 C선생은 스크래치 독이 문을 닫는 아침 6시, 클럽

디제잉이 클럽의 온도를 높인다. 가만히 앉아 있을 수가 없어지면 누구나 방콕 클럽 속으로 빠져든다.

앞에서 비틀거리는 여자에게 다가가 몇 마디 하더니 이쪽을 보고 "형님, 애 데려가세요"라고 소리친다. 스크래치 독은 레드불이었다. 날개를 달아주니까.

단기 체류자들에겐 '스크래치 독'이 추천 코스다. 뜸을 들일 필요가 없어서 간편하고 신속하다. 내가 먼저 작업을 걸어 진정한 홈런을 칠 생각이 없다면, 다가오는 프리랜서와 가격 협상에 들어간다. 사나흘밖에 되지 않는 체류기간 내에 '어른 놀이'를 하고 싶다면 너무 큰 기대를 갖거나 공들여 탑을 쌓는 것은 비효율적이다. 이곳에서 한국인 남자만 전문적으로 노리는 프리랜서 직업여성은 한국어를 조금씩 한다.

그녀들의 화대는 천차만별이지만 대략 10만 원 이하에서 형성된다. 방콕에서는 큰돈이지만, 여자가 궁한 한국 남자들에겐 큰 고민 없이 지갑에서 꺼낼 수 있는 금액대다. 자동차 기름 한 번 넣는 셈 치면 심적 부담이 더 줄어든다. 장기 체류자들은 "스크래치 독에서 왜 돈을 주고 해?"라고 혀를 차겠지만, 그건 어디까지나 방콕에서 오래오래 머물 수 있는 부류의 입장이다. 귀국 전날 밤 후배 한 녀석은 누가 봐도 미녀 소리 나올 법한 아가씨와 접촉에 성공, 3,000바트에 합의를 봤다. 너무 비싼 거 아니냐고? 그녀의 미모는 상당했고, 후배는 알코올의 힘을 받아 한껏 들떠 있었다.

휴가 때마다 방콕을 찾는 A선생. 이번에는 친동생을 데려왔다. 형이 '스크래치 독'에서 얼마나 잘나가는지를 보여줘야 하므로 친동생에게 "너 마음에 드는 애로 하나 찍어. 내가 데려올게"라고 말했다. 친동생이 후끈한 미모의 그녀를 지목하자 '친형' A선생이 출동했다. 그런데 난관 봉착. 그녀는 직업여성이었고, 미모답게 3,000바트라는 고가를 불렀다. 친동생 앞에서 체면 깎이고 싶지 않은 A선생이 2,000바트에 하자고 끈질기게 설득하자 그녀가 역제안을 했단다. "깎는 건 절대 안 되고, 그럼 너희 둘이랑 같이 하는 걸로 해서 3,000바트." 형제지간의 동침은 차마 못하겠다 싶은 A선생의 노력 끝에 결국 친동생과 그녀는 2,500바트에 하룻밤을 같이 지낼 수 있었다는 '웃픈' 이야기도 있다.

'스크래치 독' 이야기를 하면 한국 남자들은 두 가지 반응을 보인다. 우선 작업이 쉽다는 의견. 앞서 말한 것처럼 다들 '이것저것 하다가 안 되면 스독 가서 데려가지 뭐'라고 생각한다. 실제로 그럴 확률이 매우 높은 근거 '있는' 자신감이다. 하지만, 두 번째 반응은 웃기게도 "한국 사람이 너무 많아서 이제 안 가려고"다. 이곳에는 정말 깜짝 놀랄 만큼 한국 남자가 많다. 인터넷의 위력은 수많은 한국인 남자들을 수쿰빗 쏘이 20의 윈저 호텔로 이끌었다. 남자 손님 중 절반 이상이 대한의 건아들이다.

그래서 이제 방콕 고수들은 더 이상 이곳을 찾지 않는다. 일반인 여자 손님은 거의 없어진데다 한국 남자들만 득실대니

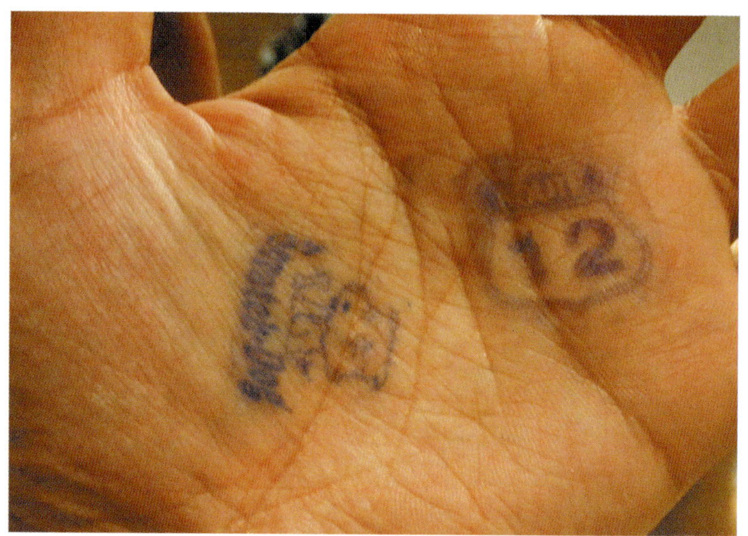

클러빙의 흔적을 다음 날까지 남기지 않기 위한 최적의 스팟은 손바닥이다.

매력이 없어진 것이다. 술에 취한 한국 남자들끼리 가끔 싸움이 나기도 한다. 바운서들이 와서 금방 클럽 밖으로 쫓아내긴 하지만, 방콕에서 한국 남자들끼리 싸우는 꼴이란 정말 추하고 보기 싫다. 한국에서처럼 거드름 피우고 매너가 엉망인 녀석들도 적지 않다.

Y선생은 한국의 40대 중년과 아가씨 한 명을 두고 베틀을 벌였단다. 서로 돈을 더 주겠다며 자존심 싸움을 벌이다가 결국 5,000바트를 부른 40대 아저씨의 승리로 끝났다는 경험담. 방콕에서 한국인 남자끼리 벌일 수 있는 최악의 추태가 아닐까 싶다. 아마도 '스크래치 독'에 입장하는 순간부터 테스토스테론 분비량이 급격히 늘어나

나 보다. 다들 '모든 여자가 내 꺼! 다들 꿇어!' 라는 심리상태라도
되는 듯이 위험 수위에 다다르는 한국 남자들이 많다. 적당히 알아
서 매너 있게 잘 즐기시도록.

클럽 ⑥
패자부활전 외

수줍음은 잠시 버리고
자신감 있게 대시하면
패자부활전에서 승리할 수 있다.
이상형에 대한 집착과 취향을
잠시 접으면 접을수록
타율도 높아진다.

천하의 이대호라고 해도 매 타석 홈런을 칠 순 없다. 천하무적이라는 바르셀로나도 가끔은 굴욕을 맛볼 때가 있다. 그렇듯 방콕에서도 클럽에 간다고 해서 매번 일이 수월하게, 마음먹은 대로 돌아가진 않는다. 돈다발을 싸 들고 가서 펑펑 써대면 타율을 비약적으로 높일 순 있겠지만, 우리는 현금으로 가득 찬 플라스틱 김치통을 앞마당에 묻어놓은 숨은 재벌이 아니다. 당신이 범인(凡人)의 영역에 서 있는 사람이라면, 때로는 불운한 밤을 보내기도 한다.

그런 세상의 이치는 돈 많은 외국인 행세를 할 수 있는 방콕이라고 해서 다르지 않다. 아무리 치밀하게 작전을 세우고 꽃단장을 하고 가더라도 공수거(空手去)하는 날도 있는 법이다. 마음에 쏙 들어 열심히 뻐꾸기 백만 마리를 날린 귀요미가 "내일 회사 출근해야 되니까"라며 시야에서 사라질 수도 있고, "이 정도면 되겠구나" 싶다가도 그녀의 옆을 지키는 엉뚱한 친구에 의해 판이 깨질 수도 있다. 외국인 체면에 들러붙어서 진상 떨기도 창피한 일이고.

다행히 클럽 영업시간 내에 작업에 실패했다고 해도 낙담할 필요는 없다. 패자부활전이 있으니까. 클럽에서 짝 없는 솔로들끼리 연결해주냐고? 그럴 리가. 패자부활전은 클럽 안이 아니라 밖에서 벌어진다. 설명했듯이 RCA에는 클럽들이 모여 있다. 영업시간이 끝나고 나면 각 클럽에서 수많은 손님들이 한꺼번에 나와 클럽 앞길은 일대 장관이 펼쳐진다. 마치 온종일 이어진 수업을 견디고 견뎌낸 끝에 다가온 하굣길 위를 질주하는 고등학생들의 무리를 보는 것처럼 클럽 앞길에는 다른 클럽으로 혹은 집으로 돌아가려는, 술 한 잔 더 즐길 수 있는 어디론가 가려는 청춘남녀들로 가득 찬다.

이 친구들 모두 클럽 안에서의 여운(술, 음악, 분위기)을 그대로 머금은 채 길바닥으로 쏟아져 나오니 여기저기서 후끈해진다. 대부분 '더 놀고 싶다'라는 표정이 역력하다. 술이 꽤나 많이 들어간 경우, 바비 인형 같은 종아리와 허벅지의 미약한 근육들이 하이힐 위에서 취기와 사투를 벌인다. 한국 남자 마음 설레게 하는 앵앵거리는 그녀들의 목소리가 옥타브를 한층 더 높인다. 클럽 안에서 사냥감 포획에 실패한 남자들을 위한 패자부활전이 시작되는 순간이다.

"라운드~~ 투~~"

우린 군대에서 배웠다. 포기하지 말라고. 정신일도 하사불성. 당신이 열심히 다니는 회사의 부장님께서도 맨날 그러신다. 안 되면 되게 하라고. 들을 때에는 '무슨 헛소리야? 합리적으로 해야지'라고 생각하지만, 당신이 깨닫지 못하는 어느 샌가 그런 군인 정신이 몸에 배고 만다. 방콕에서도 그 정신을 발휘한다. 달라붙어서 "애프터 클럽 가자"며 다짜고짜 택시에 태운다. 태국어 몇 마디만 할 줄 알면 타율이 매우 높아진다. 방콕 여자들의 이상한 구석이다. 엉망진창 태국어에도 웃으며 대꾸해주고, 반가워해주고, 웃어준다. 그래, 우리 친

방콕 시내 편의점에서는 밤 11시부터 아침 7시까지 주류 판매가 금지된다. 클럽이 장사가 잘되는 이유 중 하나.

한가로워 보이는 노상 국수집. 하지만 RCA 클럽의 폐장시간이 되면 앉을 자리가 없을 정도로 장사가 잘된다.

구잖아!

RCA 대로변에 펼쳐진 노상 국숫집에서 허기를 채우는 처자들도 예외가 아니다. 같이 앉아도 되겠느냐고 물어보고, 내일 회사 가냐고 물어보고("오늘 오빠랑 놀아 제쳐도 되니?"라는 뜻이다), 애프터 클럽 갈 건데 같이 가지 않겠느냐고 물어보고. 쪽팔림으로 따지자면 내국인 경쟁자들보다는 덜하다. 이렇게 들이대도 친절하게 잘 받아준다. 그렇다고 예의, 매너, 이런 거 다 폐기 처분해도 된다는 뜻은 아니다. 자고로 방콕에서도 작업의 첫 챕터에는 '호감을 얻어야 한다'라고 쓰여 있으니까.

좀 황당한 경우. '루트66'에서 화장실 가는 길에 자꾸 눈이 마주친 처자 발견. 다가가 말을 걸었더니 방긋 웃는다. 클럽에서 멀쩡한 외국인이 말을 걸면 당연히 다들 좋아한다. 그녀가 좋단다. 클럽 앞에서 기다리고 있으니 그녀가 술에 잔뜩 취한 친구를 한 명 데리고 오신다. 술 드셨으면 그냥 댁에 돌아가서 주무시지 왜 여기서 이렇게…. 어디로 가냐는 질문에 "글쎄, 방콕에서는 이 시간에 어디 가면 재미있게 즐길 수 있지?"라고 최대한 순진한 표정으로 되묻는다. 나는 바람둥이가 아니며 오늘 하루 즐기고 싶은 매너 좋고, 돈이 많을 것으로 추정되는 외국인이라는 메시지다. "스크래치 독"

으로 가면 된단다.

가고 싶으면 가야지. 택시 잡겠노라 앞서 가다가 뒤에서 왁자지껄하는 소리가 들려 뒤돌아보니 한국 대학생 서너 명이 술에 취한 친구에게 맹공을 퍼붓고 있었다. 어디서 배웠는지 태국어도 좀 한다. 그녀는 나를 쳐다보며 곤란하다는 표정을 짓지만, 술에 취한 친구가 대학생들에게 포위당해 옴짝달싹할 수 없는 시추에이션이 전개되고 있었다. 그냥 혼자 보낼 수도 없는 상황. '급' 귀차니즘이 발동해 그녀에게 그냥 저 녀석들이랑 가라고 손짓을 했다. 결국 대학생들은 둘을 택시에 태우고 부우웅~~. 미련 없이 포기한 이유는 두 가지다. 첫째, 쟁취해야 할 만큼 그녀는 아름답지 않았고, 둘째, 나이 어린 새싹들과 여자 놓고 방콕에서 경쟁을 벌이고 싶은 마음은 더더군다나 없었기 때문이다. 납치에 가까운 광경이지만, 클럽 폐점 시간에는 아주 자연스럽고 빈번하게 볼 수 있는 장면이다.

정해진 게임의 규칙에 순순히 응하지 않는 한국인의 특징은, 이렇게 놀 때에는 대단한 장점으로 작용한다. 클럽 갔다고 꼭 안에서 꾀어내라는 법 있나? 특히 외국인이라면 어디서나 주목받는 존재일 수밖에 없으니 항상 출발선은 남들보다 앞서 있다. 한국에서도 그렇다. 식당을 가든 술집을 가든 클럽에 가든 외국인은 잘났든 못났든 남들보다 튀어 보이는 존재다. 그래서 내국인은 창피해할 수도 있는

뿔테 안경, 깃을 세운 폴로티, 스키니진, 야구 모자, 그리고 벌겋게 달아오른 뺨. 참고로 외국 여행에 가서 한국인 여성을 알아볼 수 있는 방법도 간단하다. 야구 모자를 쓰고 목에 거대한 DSLR 카메라가 걸려 있다면 150퍼센트 한국인 여성이다. 그 카메라로 셀카를 찍고 있다면 200퍼센트 확실하다.

로컬 클럽에서는 밴드 공연의 매력을 한껏 즐길 수 있다.

행동과 실수에 대해서도 굉장히 관대해진다.

야외 테이블이든, 클럽 앞 식당이든, 편의점이든, 주차장이든 내국인보다는 반은 먹고 들어가니 수줍음은 잠시 버리고 자신감 있게 대시하면 패자부활전에서 승리할 수 있다. 이상형에 대한 집착과 취향을 잠시 접으면 접을수록 타율도 높아진다. 아는 녀석 중에는 통로 클럽이 끝나고 24시간 영업 중인 맥도날드에서 꾀어낸 무용담을 펼친다. 심지어 태국 남자 일행이 있는 처자가 말쑥한 한국인 청년에게 첫 눈에 반해버렸단다. 믿거나 말거나.

처음부터 여자에게 다가설 용기가 없으면 그녀와 함께 있는 남자들을 공략한다. 패자부활전이라기보다 우회 전술이라고 할 수 있다. 인터넷 커뮤니티의 게시판을 통해 익히 알려진 수법이다. 여자들보다는 남자들과 친해지기가 쉬우니까. 태국 젊은이들은 동행이라고 해도 자기 여자친구가 아니면 흔쾌히 "얘 데리고 가"라며 작업을 부추긴다. 여자들도 친구의 눈치를 보지 않는다. 정말 마음에 드는 처자를 발견하면 우선 주변을 살핀다. 남자 동행이 있으면 그 친구에게 가서 건배 제의를 하며 친한 척한다. 당연히 흔쾌히 받아준다. 통성명하고 한 잔, 두 잔 섞는다. 그리고 슬쩍 "옆에 있는 애는 니 여자친구니?"라고 물어본다. 여자친구라고 하면 엄지손가락을 치켜세워주며 "니 여자친구가 여기서 제일 예쁘다"라고 칭찬해주고 눈치 봐서 뒤로 빠진다.

그런데 여자친구가 아니라고 하면? 돌직구 던진다. "니 친구가 정말 마음에 드는데, 소개 좀 해줄 수 있니?"라고. 대부분 흔쾌히 대해준다. 방콕 젊은이들은 이런 면에서 매우 '쿨' 하다. 자기 여자친구의 언니라며 "데려가!"라고 처자를 내게 떠밀었던 녀석도 있었다. 좀처럼 이해할 수 없을 만큼 황당한 장면이지만, 방콕 클럽에선 그리 드문 해프닝이 아니다. 단, 남자들과 친해지는 방법을 '술 얻어먹을 수 있는 비책' 이라고 믿는 '찌질이' 들이 간혹 있다. 한국 사람이라고 하면서 그런 쪽팔린 짓은 하지 않기를 바란다.

이런 정신자세는 고고바나 가라오케에서 '패자부활전' 이 아니라 틈새 전술의 형태로 나타난다. 아가씨들을 업소에 돈을 내지 않고 재주껏 능력껏 '겟' 하는 능력자들. 한국에서는 근무시간 외 사적인 만남 제안에 응하는 직업여성이 거의 없지만, 태국에서는 대부분의 아가씨들이 돈을 목적으로 손님의 은밀한 제안을 받아들인다. 그런 약점을 대한의 건아들은 집요하게 파고든다.

가라오케에서 작업을 한 다음, "이거 끝나고 오빠 클럽 갈 건데, 너 여기 끝나면 그쪽으로 올래?"라고 툭 던져보는 카드가 의외로 잘 먹힌다. 왜냐면 기본적으로 가라오케에 온 손님은 어느 정도 돈

새벽 2시까지로 되어 있던 RCA 클럽들의 영업시간이 최근 들어 조금씩 늦어지고 있어 애프터 클럽의 존재감이 떨어지고 있다.

을 갖고 있다는 증거니까 아가씨들에게 호감을 줄 수 있는 폭이 넓다. 돈을 위해서 "데이트하러 나가요~~"라고 보채는 아가씨들은 매력이 없으니 이 작전은 약간 도도해 보이는 아가씨를 대상으로 펼쳐본다.

여자 ① '이해 불가' 방콕女들

클럽에서 아담하게 생긴 처자와
기분 좋게 즐겼다.
다음 날 아침 메시지가 "뽀롱~" 왔다.
자기 침대 위에서
란제리만 입고 있는 사진이었다.
도대체 원하는 게 뭐지?

방콕에서도 잊지 말아야 할 점이 있다. 그곳이 외국이라는 사실이다. 중국계 태국인의 외모는 우리와 거의 비슷하다. 겉모습이 비슷하면 왠지 머릿속까지 닮아 있을 거라는 선입견이 생기는 것이 당연지사. 하지만 그들의 사고방식은 우리와는 전혀 다르다. 그런 상황과 만날 때야말로 내 자신이 있는 곳이 한국이 아니라 태국이라는 사실을 인지하게 된다.

오빠, 내 사진 좀 봐줘

클럽에서 아담하게 생긴 처자와 기분 좋게 즐겼다. '부비부비'도 하고 개미허리의 섹시함을 느껴보기도 하고, 자기 방으로 함께 가자고 했지만, 기분이 내키지 않아 제안을 거절하고 집으로 돌아왔다. 다음 날 아침 메시지가 "뾰롱~" 왔다. 송신자는 어제의 그녀였다. 실물보다 백만 배 예쁘게 나온 셀카를 보고 있는데, 다시 뾰롱. 이번에는 자기 침대 위에서 란제리만 입고 있는 사진이었다. 도대체 원하는 게 뭐지? 그러더니 대뜸 "오빠 사진 보내줘"라는 메시지가 도착한다. 나는 지금 당신이 내게 당신의 사진을 보내온 이유도 모르겠거니와 내 사진을 당신에게 보내야 할 의무도 느끼지 못하겠소….

그녀가 어떤 사람인지 전혀 모르는 상황이니만큼 방콕에서 이런 제안을 받으면 항상 조심해야 한다. 재수 좋게 그녀와 뜨거운 밤을 보낼 수도 있겠지만, 만약 그녀가 다른 생각을 품었다면? 자기 집으로 데려간다고 한 뒤, 친구들을 불러 나를 납치한다면? 방콕이 아니라 전 세계 어디에서든 이런 상황과 만나면 냉철하게 판단해야 한다.

방콕 고수들의 스마트폰에는 수많은 여자 셀카들이 저장되어 있다. 다들 그런 식으로 보내져 온 사진들이다. 우리는 서로 '본인 사

아름답지만 그녀들과의 깊이 있는 대화는 무척 어렵다. 남녀관계의 정의 자체가 우리와는 무척 다르게 느껴진다.

진 송신 심리에 관한 실증법적 연구'에 대해서 열띤 토의를 벌이지만 아직까지 이렇다 할 결론을 얻진 못했다. 물론 "방콕 여자들이 다 그렇다고 생각하면 곤란해"라며 발끈하는 처자도 있을지 모르겠지만, 어쨌든 의문의 방아쇠 자체가 직접 경험이었기 때문에 꽤나 높은 수준의 신빙성이 있다고 주장하고 싶다.

물론 이렇게 입수된 방콕 처자들의 사진은 한국 젊은이들의 손을 거쳐 인터넷으로 마구 퍼져 나간다. 친구들에게 자랑할 수 있는 엄청난 전리품처럼 느껴지는 모양이다. 사진 촬영에 후한 방콕 여인들의 태도를 이용해 개인적으로 찍은 사진까지 자랑 삼아 퍼트린다. 사실 여자가 직접 보내온 셀카 사진을 받는다는 것은 남자로서 기분 나쁘진 않다. 메시지를 확인하면서 왠지 내 자신이 굉장히 잘나가는 놈처럼 느껴지기도 한다. 귀찮다고 하면서도 괜히 으쓱해지는 기분을 부정할 수 없다. 20대 아가씨가 보내온 셀카 사진은 한국의 중년들에겐 분명히 드문 동시에 우쭐해질 수 있는 경험이다. 하지만 그런 만족감과는 별개로 그녀들이 낯선 외국인에게 무작정 사진을 보내오는지에 대해선 그 심리를 알 길이 없다.

꼬치꼬치 묻지 좀 마

방콕 아가씨들의 언행은 재미있다. 가끔 기상천외하다. 이런 식이다. 클럽에서 작업에 성공해 숙소로 데려와 홈런을 날린 다음 날 아침부터 이상 감지. 어젯밤까지 그녀는 분명히 "내일 회사 가야 돼"라고 말했는데, 이 처자 아침 10시가 넘도록 일어날 생각을 하지 않는다. 일어나서 모닝 섹스 한 판 거하게 치르고 샤워하고 방을 나서면 12시. 하지만 그녀는 호텔을 나서면서 한다는 말이 "배고프니까 점심 사줘"다. 어이쿠! "너 오늘 회사 안 가도 되니?"라고 물어보는 질문은 그녀의 달팽이관 근처에도 가기 전에 공기 속에서 사라진다.

방콕 로컬 클럽에는 상식을 뛰어넘는 부자들과 만날 수 있다. 람보르기니를 타고 와 최고액권(1천 바트=약 3만8천 원) 다발을 들고 부를 과시한다.

‘루트’에서 만났던 처자가 몇 달 후에 대뜸 문자를 보내온다. 한국에 3개월간 일하러 가게 되었다는 소식을 알려준다. 여행사의 파견 근무란다. 한국어라곤 ‘오빠’ 정도밖에 모르는 그녀가? 클럽에서 놀면서 외국인 손님을 받으며 적당히 즐기며 살아가는 그녀가? 밥이나 같이 먹자고 하며 어디서 지내느냐고 물어보니 대답을 머뭇거린다. 한국에 오면 연락 달라고 했지만, 그 후 그녀로부터 아무런 연락을 받을 수 없었다.

‘스크래치 독’에서 프리랜서로 일하는 처자가 난데없이 문자를 보내온다. "나 싱가포르에 놀러 가"라며 신이 났다. 그녀가 진짜 친구들

과 여행을 떠나는 건지,
아니면 '스크래치 독'
에서 만난 싱가포르인
손님을 따라 3박4일 풀
코스 출장에 나서는 건
지를 알 길이 없다. 택
시를 타고 지나가는 길
에 일본계 대형 여행사
간판이 나오자 "나, 저
기서 가이드로 일했어"
라고 말한다. 하지만
그녀의 일본어 실력은
간단한 명사와 동사 기
본형을 자기 마음대로

미녀를 즐겁게 만들어주고 싶다면 그에 상응하는 예의와 매너를 갖춰야 한다. 한국이든 태국이든 불변의 법칙이다.

나열하는 수준이다. 그녀가 일본인 관광객들에게 라마 5세(출라롱콘 대왕)가 태국 근대화에 어떤 영향을 끼쳤는지에 대해서 설명해줄 수 있을 것이라곤 도저히 믿기지 않는다.

그래서 적지 않은 한국 남자들은 방콕 여자를 양 치는 소년(소녀?)처럼 대하는 이들이 많다. 물론 방콕의 모든 여성이 그렇다고 단정할 순 없다. 하지만 태국을 왕래하면서

태국 최고의 상아탑 출라롱콘 대학을 설립했다. 싸얌 BTS역에 있는 싸얌 스퀘어를 지나 남쪽으로 조금만 걸어가면 출라롱콘 대학이 나온다. 참고로 현재 국왕은 라마 9세 푸미폰 왕이다.

왜 그들이 "태국 여자는 거짓말쟁이"라고 말하는지 시간이 지나면서 조금씩 알게 되었다. 방콕에서 사업 경험이 있는 B선생은 태국 여자란 단어만 들으면 고개를 절레절레 흔든다.

"사전 연락도 없이 출근을 안 해요. 왜 안 오냐고 물어보면 가족이 아프대요. 다음 날 뭐라고 하면 '뭐 그까짓 일로 그러느냐' 식으로 웃어넘겨요. 두 달 있다가 갑자기 가불을 해달라네요. 왜 그러냐고 했더니 어머니 병원비가 필요하다고. 속는 셈치고 가불해줬어요. 다음 날부터 그냥 사라졌어요. 그런 경우가 한두 번이 아니에요."

이런 일을 겪은 사람이 태국 여자를 "못 믿겠다"라고 단언하는 것도 무리는 아니다.

업소, 클럽 할 것 없이 직업을 물어보면 가장 자주 등장하는 것이 미용사, 여행사 그리고 대학생이다. 어쨌든 초보 여행자들에겐 이런 신분확인 자체가 일정 수준 이상의 만족감과 안도감을 준다. 최소한 '돈을 주고 창녀와 잤다' 라는 게 아니라고 생각해서 그런가 보다. 한국 남자들 거의 모두가 같은 잠자리라도 일반인과 직업여성이란 상대가 엄청난 차이라고 생각하는 것 같다. 그래서 방콕 초보자조차 어젯밤 상대가 여대생이었다며 환호한다. 물론 진짜 대학생일 수도 있다. 한국도 이미 술집 아르바이트를 하는 여대생이 적지 않다고 하는데, 태국이야 오죽하랴. 방콕에는 별다른 절차 없이 누구나 등록 가능한, 모두를 위한 대학교가 운영된다. 몇 년 안에 졸업해야 한다는 제약도 없다. 그런 곳에 등록만 해놔도 일단 "나 대학생"이라고 말할 수 있다.

C선생,

"애들 얘기 딱 들으면 계산이 나오죠. 속은 거지. 꾀었다고 자랑하는 녀석들, 알고 보면 다 몸 파는 애들과 잔 거예요. 자랑을 해야 하니 돈을 얼마 줬다곤 절대로 말하지 않죠. 방콕 여자들이 미쳤어요? 뜨내기 여행객한테 몸 주게. 너무 좋아서 결혼하겠다고 마음먹는 사람들도 있어요. 그럼 뭐해? 갑자기 없던 동생이 나타나고, 오빠가 나타나고, 나중에는 자기 아이라며 두 명 손잡고 나타나고, 그런 식이죠. 놀면서 만나는 여자 중에 제대로 된 사람이 몇이나 되겠어요?"

그녀는 당신이 지금 어디 있는지 모두 알고 있다

Y선생. 태국이 아주 좋아서 아예 한국 생활을 정리하고 방콕으로 건너와 태국어를 열심히 배우고 있다. 각박한 한국의 분위기 속에서 치열하게 경쟁하며 살고 싶지 않아서다. 사시사철 따듯하고 사회적 분위기도 느긋한 방콕에서 여행 가이드를 하면서 인생을 '천천히' 사는 게 Y선생의 꿈이다.

방콕에 온 지 얼마 되지 않아 클럽에서 여자친구를 만났다. 그녀는 바람둥이 태국 남자들이 싫어서 한국 남자를 사귄다는 부잣집 따님이다. 교육도 받을 만큼 받았고, 돈에 관해서도 직업여성과는 전혀 다르게 정상적이다.

하지만, 사랑을 시작한 뒤로 Y선생은 클럽 출입이 금지되었다. '루트66'에서 놀고 있는데 갑자기 여자친구한테 문자가 도착했다.

"지금 어디야?"

수상쩍다는 생각에 대충 둘러댔지만, 곧이어 "너 왜 루트에 가 있어?"라는 문자가 날아들어 화들짝 놀랐다. 나중에 알고 보니 부잣집 자제인 덕분에 그녀는 이미 RCA 주변에 있는 경찰들과 친분을 쌓았고, '루트66'에 나타난 Y선생을 발견한 경찰이 그녀에게 밀고한 것이다. 수많은 인파 속에서도 외국인은 항상 눈에 띄기 마련이다.

P선생의 연애도 끔찍했다. 멤버십 클럽에서 일하는 아가씨와 사귀었다가 족쇄를 찬 기억에 치를 떤다. 멤버십 클럽이 끝나는 1시 반이면 어김없이 전화가 온다. 어디냐, 뭐 하느냐, 집에 있어라 등등 지시를 내린다. 밖에서 전화를 받으면 여자친구는 전화를 끊는다. 그러곤 귀신처럼 현장에 나타나 끌려간 적이 한두 번이 아니라고 한다. 그녀가 자신의 소재를 어떻게 파악해내는지 알다가도 모를 일이었지만, 어쨌든 그녀는 언제 어디서든지 한국인 남자친구의 위치를 정확히 알고 있었다.

P선생은 태국 여자친구를 '알람'이라고 불렀다. 전화가 오면 반

좁은 공간에 한데 뒤섞여 즐기는 방콕의 파티는 즐겁다. 그러나 이후의 일에 대해선 정신 바짝 차려야 한다.

드시 받아야 하고, 클럽에는 일절 출입이 금지되며, 단순히 친구라고 해도 여자와는 커피 한 잔 마시면 안 된다. 클럽에서 후배들과 있는데 느닷없이 나타난 여자친구가 바닥에 철썩 주저앉아 진상을 떤 적도 있다. 그의 방콕 연애 철칙 1호는 "절대로 사귀지 않는다"가 되었다. 영화 〈미저리〉의 주인공이 되기 싫단다.

여자 ② 자나 깨나 여자 조심

그녀들의 S라인은 끔찍하게 섹시하지만,
성격도 다이너마이트급이다.
그녀들의 상식은 우리로서는 도대체 이해불가.
남자들 표현을 빌자면,
한번 잘못 물리면
완전히 〈미저리〉의 주인공이 되고 만다.

수컷으로 태어난 이상 암컷을 따라다닌다. 마음 맞는 사람들끼리 모인 술자리에선 어김없이 여자 얘기하다가 여자 있는 곳으로 옮겨 간다. 부킹 주점에 가고, 룸살롱으로 가고, 퇴폐업소를 이용하고, 결국 통장 잔고는 바닥을 친다. 길을 걷다가도 시선은 언제나 미녀를 향한다. 안마시술소를 비롯해 각종 유사 성행위 불법업소가 판을 친다. 단 15분 만에 구강성교 서비스를 제공하는 신종 업소가 요즘 때 아닌 활황을 즐기고 있다는 말을 들었다. 대한의 성욕은 24시간 내내 식을 줄 모른다.

옷을 벗을 필요도 없이 안락의자에 앉아 15~20분 만에 아가씨가 입으로 사정하게 해주는 신속, 간단의 결정체다. 낮에도 손님이 있고, 늦은 밤이면 몇 시간씩 기다려야 할 정도로 초인기. 퇴폐 업소에 대한 법 집행이 불가능할 수밖에 없겠다는 생각도 든다. 인간의 성욕은 줄어들지 않으니까. 정상적인 성욕 해결이 한국에서는 생각보다 원활하지 못하니까.

그러니 다들 방콕에 가고 싶어 한다. 화대가 싸고, 작업이 쉽다는 생각에 그런 것 같다. 한국에선 말도 못 붙여볼 미녀조차 생글생글 웃으며 화답해준다. 방콕에 와서 처음 사귄 여자친구가 너무 사랑스럽다. 대학생인데 학교도 안 가고 내 방에서 밥 먹고 항상 붙어 있어 나만 좋아해준다. 이제 막 참견까지 한다. 아이고, 요 귀여운 것 같으니라고. 구속받아도 기분 좋다. 미녀의 구속은 달콤하고 짜릿한 자랑거리다.

짧게 놀러 오는 아저씨들은 돈의 힘을 빌려 마초 기분을 만끽한다. 테스토스테론이 활화산처럼 폭발한다. 같은 업소에서 아가씨를 지명하자 전날 놀았던 아가씨가 갑자기 짜증을 낸다. 몸을 파는 자신의 직업 정체성까지 망각할 만큼 나를 끔찍이도 좋아하는구나 싶어서 당황스러우면서도 기분이 좋다. 다음 날 출근도 안 하고 계속 나와 있고 싶다고 또 투정을 부린다. 이제 돈을 요구하지도 않는다. 직업여성에게 사랑을 깨닫게 해줄 만큼 내가 매력적인 남자였던가? 만족스럽다. 기분 째진다. 숙소의 널찍한 침대 위에서 온종일 미녀와 뒹굴뒹굴. 천국이다.

내 방에 그녀의 물건들이 조금씩 늘어간다. 한번 오면 사나흘씩 함께 지낸다. 어, 이거 좀 이상하다. 클럽에는 절대로 못 간다고? 난 방콕에 도 닦으러 온 게 아니라 신나게 놀려고 왔는데. 시도 때도 없이 걸려오는 위치 확인 전화. 몰래 클럽에 놀러 갔다가 귀신처럼 알고 찾아온 여자친구가 진상을 떤다. 술에 취해 이럴 수 있느냐고, 여자가 그렇게 좋으냐고, 같이 죽어버리자고. 제발, 이건 아니다. 너무 부담스러워서 헤어지자고 했다. 절대로 그렇게는 못하겠단다. "누가 보면 나 되게 나쁜 놈인 줄 알겠네, 정신병처럼 집착한 건 바로 너야!"라고 외치고 싶은 경험들, 방콕 고수들이라면 누구나 한두 번쯤 겪어봤다.

태국 처자들의 연애관은 독특하다. 물론 다 그런 것은 아니다. 대상을 '여행으로 놀러 온 외국인이 쉽게 만날 수 있는 태국 처자들'로 좁히자. 그녀들의 S라인은 끔찍하게 섹시하지만, 성격도 다이너마이트급이다. 그녀들의 상식은 우리로서는 도대체 이해불가. 남자들 표현을 빌자면, 한번 잘못 물리면 완전히 〈미저리〉의 주인공이 되고 만다.

태국에서는 성기 절단 사고가 종종 보도된다. 바람을 피운 남자

만약 당신의 마음속에 걱정거리가 있다면 에라완사원에서 조금이라도 덜어내고 갈 수 있다. 걱정은 '있는' 것이지 '하는' 것이 아니다.

친구의 성기를 칼로 절단해버리는 것이다. 2009년에도 한 벨기에인이 현지 여자친구의 칼솜씨에 불행히도 내시가 되었다. 그녀들의 상징 '온화한 미소'는 온데간데없이 사라진다. 한번 화를 내면 이성을 완전히 잃어버린다. 길거리에서 벌어지는 싸움을 보면 오싹할 정도로 격하다. 남자친구의 바람 현장을 응징하는 처자, 한 여자를 두고 싸우는 남자들의 격투, 외국인 '호구' 손님을 두고 벌어지는 업소 아가씨들 간 맞대결. 누가 말리지 않으면 생명이 위험할 지경까지 치닫는다. 절단한 성기를 접합 하지 못하도록 변기에 넣어 하수 처리하거나 길거리

태국에선 신체 파손류의 사건사고가 워낙 잦은 덕분에 정형외과 기술이 세계적인 수준이라고 한다. 웃어야 할지 울어야 할지 모르겠다.

개에게 먹이는 경우도 있다.

Y선생은 방콕에서 만난 첫 여자친구와 헤어졌다. 그녀의 지나친 집착이 '무섭다' 싶어서 내린 결심이었다. 며칠 뒤, 술이라도 마셔야 할 것 같아 멤버들을 소집해 '스크래치 독'에 들렀다. 오직 섹스만을 위해 '원 나잇 스탠드'를 즐기고 있는데, 갑자기 현관문이 쿵쿵쿵. 깜짝 놀라 열어 보니 헤어진 여자친구가 서 있었다. 문 앞에 놓인 '다른 여자'의 하이힐을 보더니 그녀가 부들부들 떨면서 "너 쟤 때문에 나랑 헤어진 거야?"라며 분노한다. 서로 성격이 안 맞아서 헤어진 것뿐이라고 항변하고 있는 동안 그녀의 오른손이 핸드백 속으로 들어가더니 뭔가를 꺼낸다. 권총. 등골을 타고 식은땀이 주르륵 흘렀다. 오해하지 말라면서 겨우겨우 그녀를 달랠 수 있었다. 다음 날부터 그녀의 친구들(태국인)이 돌아가면서 전화를 걸어와 "너 괜찮아?", "몸 조심해"라며 안부를 묻는다.

나이가 어린 한국 남자일수록 여자와 얽힌 실수가 많다. 아예 한국 생활을 포기하고 태국 여자에 빠져 벗어나지 못하는 친구들도 적지 않다. B선생과 함께 산보 중에 멀쩡하게 생긴 부산 청년을 만났다. 예전에 함께 놀았던 사이라며 B선생이 반가워했다. 그 친구는 미녀와 다정하게 손을 잡고 있었다. 나중에 물어보니 그녀는 섹스로

돈을 버는 여자였고, 그 청년은 그런 애인에 빌붙어 방콕에서만 5년
째 살고 있는 한국산 '왕빈대'였다.

C선생,

"여기서 열심히 일해서 돈 버는 사람, 거의 없어요. 벌어봤자 다
술과 여자에 써버려요. 대부분 저축을 못하죠. 여기서 돈 모으려면
한국보다 더 악착같이 일하고 아껴야 해요."

P선생,

"남친이라고 하면 모든 걸 다 줘요. 밥, 술 다 사주더라고요. 그
대신에 휴대전화 검사를 받아야 해요. 참, 이곳 여자들은 섹스도 많
이 해줘야 되더라고요. 안 해주면 자기를 사랑하지 않는다고 생각하
는 것 같았어요. 직업여성이라고 해도 남자친구가 되어버리면 완전
히 묶여버려요. 방콕에서 오래오래 여자들과 즐기면서 놀려면 한 여
자와 깊게 가면 절대로 안 돼요."

L선생,

"방콕에 처음 와서 만나는 여자들은 대부분 창녀들이에요. 그 사
실을 몰라서 다들 홀딱 반해버리죠. 그래서 한국에 갔다가 또 오고.
그러면서 조금씩 이곳 여자들의 습성을 알게 되는 것 같아요. 한국
에서 못하는 것들은 여기 오면 할 수 있다는 성취감도 크고요. 진짜

공부만 할 것 같은 아는 형이 한 명 있는데, 방콕에 와서 일주일째가 되니 완전히 진상으로 놀더라고요. 놀고 싶은 마음은 누구나 똑같으니까 이해는 갔지만, 원래 그런 형이 아닌데 그렇게 되니 굉장히 어색해 보이더라고요."

얼마 전에 B선생이 사진을 하나 보내왔다. 편안한 복장으로 컵라면을 먹으며 TV드라마를 보는 처자의 섹시한 뒷모습. 수완나품 공항에서 일하는 아가씨를 클럽에서 꾀었는데, 그 이후로 아예 B선생 숙소에서 장기 체류하면서 집에 돌아갈 생각을 하지 않는단다. 그녀의 매끈한 얼굴 피부, 쏙 들어간 개미허리, 탄탄한 엉덩이, 남자를 녹이는 환상적인 섹스 테크닉, 다 좋은데, 이런 식으로 들러붙으면 '미저리'로 돌변한다.

한국의 강추위를 피해 2개월 일정으로 따뜻한 방콕에 와서 편하게 원기 충전하고 돌아가려고 했는데, 처음부터 사랑에 빠진 처자 때문에 곤란에 빠졌다. 물론 '잘 달래서 보내면 되지'라고 생각하겠지만, 이 처자는 이미 B선생을 '나의 사랑'이라고 철썩 같이 믿고 있으니 이별 통보는 꿈도 못 꾼다. 죽어버리겠다고 손목이라도 그으면 그야말로 큰일이다. B선생은 오늘도 이 처자에게 잡혀 방콕에서 '방콕' 하고 있다.

어릴 적 호텔 뷔페에 가면 정말 미친 듯이 먹었던 것 같다. 좋아하는 슈크림 빵과 소고기 스테이크, 콜라를 배가 터지도록 먹고, 집

한국 여성들이 증오하는 비만의 원인들을 방콕 여인들은 사랑한다. 카페라테 위에 얹혀진 생크림을 몽땅 삼키곤 한다. 더운 날씨 덕분인지 그래도 그녀들의 허리는 쏙 들어가 있다.

여대생 벨트 위에 달려 있는 집게와 액세서리의 용도를 솔직히 잘 모르겠다. 물어보고 싶었지만 용기가 나지 않았다.

방콕의 대낮 날씨와 공기가 나른하다. 정신력 무장한 트레블러가 아니라면 오수를 즐기고 싶은 마음 간절해진다.

매연 가득한 방콕 시내에서 선명한 꽃과 만날 수 있다. 눈에 띄는 색깔이 예쁘다.

에 와서 체해서 고생한 적이 한두 번이 아니다. 하지만, 나이가 든 지금 아무리 뷔페라고 해도 그렇게 어린애처럼 먹고 속을 버리진 않는다. 아무리 좋아하는 음식이라고 해도 과식하게 되면 입에도 건강에도 별로 좋지 않다는 사실을 인지할 만큼 성숙했다.

다들 방콕에 처음 가면 무서울 게 없다. 한국에서는 꿈도 못 꿔볼 미녀들을 클럽에서 꾀어서 신나게 놀아댄다. 아고고바에서도, 스크래치 독에서도 마음만 먹으면 섹스는 언제나 '미션 파서블'이다. 그런데, 태국을 방문하는 횟수가 늘어가면서 오히려 작업과 섹스의 횟수가 줄어든다. 클럽에서도 작업에 대한 조바심도 더 이상 들지 않았다. 방콕 경험이 쌓일 대로 쌓인 사람들끼리 모이면 오히려 더 정숙하고 건전한 술자리가 된다. 반대 의미에서 생겨나는 여유를 느낄 수 있다.

다들 처음에는 FIFA월드컵에 나서는 국가대표 축구선수다. 매 경기를 결승전처럼 싸워야 하는 투쟁심과 절박함으로 가득하다. 한 경기라도 지면 세상이 무너지듯이 단 하룻밤이라도 작업에 성공하지 못하면 굉장한 좌절감을 느낀다. 그런데 어느 순간 깨닫는다. 1년 133경기를 치르는 프로야구 선수가 되어야 한다고. 한 경기 졌다고 낙담할 필요가 없다. 경기는 일 년 내내 계속된다. 야구선수가 되면 방콕을 길게, 깊게, 오래 즐길 수 있다.

여자 ③ 매너, 예의 그리고 겟

운전하면서 찾았던 '개새끼',
술값 깎으면서 찾았던 '소새끼',
포커 치면서 찾았던 '십새끼' 들은
인천공항으로 가는 길가에 모두 던져버리자.
순수하게 즐기고 싶다는 마음과 상식,
그리고 센스와 매너만 갖고 떠나면
방콕은 행복해진다.

동방예의지국(東方禮儀之國)이라고 배웠다. 한국인은 예의범절을 중시한다. 예의 지키느라 개인이 손해를 감수하기도 한다. 여성에 대한 예의도 깍듯하다. 밥, 술 다 사 먹이고, 집에까지 모셔다 준다. 남자는 그게 당연하다고 믿는다. 웰컴 투 '매너男' 월드.

그런데 이게 무슨 일인가? 방콕에서 제일 많은 들은 얘기가 뭔고 하니 "한국 녀석들 매너가 없어"였다. 한국인, 태국인 할 것 없이 이구동성으로 쑥덕거린다. 어쩌다가 이 지경이 되었는지 안타깝다. 원래 나쁜 소문이 빠르고 넓게 퍼진다고, 그러려니 하지만 어떻게 만나는 사람들마다 서로 짠 것처럼 한국인(그래, 우리!)의 비(非)매너를 성토하는지 신기할 정도다.

지인의 소개로 통로에서 옷가게를 연 지 1년 정도 되었다는 한국 젊은이와 만난 적이 있다. 통로 쏘이 13에 있는 근사한 카페. 손님들 모두 근사하다. 무거운 카메라 장비를 넣은 육중한 나의 백팩이 고품격 인테리어와는 도저히 어울리지 않는다. 반갑게 인사하고, 통성명하고, 방콕 이야기 좀 들려달라고 하니 이 친구는 대뜸 "얼마 전에요…"라고 입을 연다.

"아는 형한테 들었는데요. 정말 창피해 죽겠어요. 한국 놈이 타냐 가라오케에서 아가씨를 픽업해서 호텔로 데려간 거예요. 여자가 예뻤나 보더라고요. 화대로 5,000바트 주기로 하고 갔는데, 아침에 돈 달라고 하니까 실컷 때리고 내쫓았대요. 여자가 단단히 열이 받아서

순정만화의 주인공처럼 보이는 나폴레옹이 재미있다. 심각한 표정까지 귀여워 보인다. 하지만 저 안은 순정만화와 많이 다른 모습일 것이다.

방콕에서는 경찰에게 절대로 대들지 말 것. 경찰이 외국인이라고 절대로 봐주지 않는다. 경험상 이들은 외국인 여행자와 내국인 사이에서 다툼이 일어나면 자기 국민을 더 챙기는 느낌이다. 성매매는 분명히 불법인데도 화대 관련 사건이 터지면 경찰이 직업여성 편을 들어주는 경우가 많다.

한류 바람을 타고 태국에서 국산 의류 사업의 진출 시도가 있지만, 시장 진입이 대단히 어렵다고 한다. 일단 상하(常夏)의 날씨이니 오직 여름옷만 갖고 승부를 걸어야 하는 제약이 있다. 또 태국 일반 서민에겐 의류 구입에 돈을 쓸 여력이 크지 않다. 품질보다는 디자인과 가격을 중시한다고 한다. 그래서 태국에서 산 옷은 처음엔 멀쩡해도 몇 번 세탁하고 나면 거의 못 입을 정도로 변형되곤 한다.

경찰에 신고했대요. 경찰이 수소문 끝에 그 놈을 잡았어요. 경찰이 그놈한테 20,000바트를 받아서 여자한테 주고, 자기 몫으로 50,000바트를 뜯어갔대요. 그놈은 당연히 추방당하고요."

방콕에서 한류의 바람을 타고 국내 의류 브랜드 사업 시장성에 관한 대화를 기대했는데, 나라 망신시킨 멍청이 이야기를 들으니 이거 영 우울하다. 이 친구 말에 따르면, 가라오케 아가씨들은 뭐든지 깔끔한 일본 손님을 가장 '사랑'하고, 중국 손님은 더러워서, 한국 손님은 매너 없어서, 아랍 손님은 냄새가 나서 싫어한단다. 중국이나 아랍 사람들의 평판에는 관심이 없지만, 초록색 대한민국 여권 들고 다니는 나로서는 당연히 한국 남자의 그런 이미지를 통탄하지 아니할 수가 없다!

그렇지만, 곰곰이 생각해보자. 맞아, 우리 술 마실 때 매너 없는 거 맞다. 룸살롱, 노래방에 가서 실컷 마시고 만지고 노래 부르고 놀다가 계산하면서 업소 부장과 티격태격한다. 계산서 들고 "이건 뭐야?", "에이, 맥주는 서비스로 준다며?", "야, 너희 음료수 값을 따로 받느냐?"라며 진상을 떤다. 어떻게든 술값은 깎는 게 능력이라도 되는 양 생각한다. 그런 업소에서는 원래 그런 식의 진상도 재미라고 생각하는지도 모른다. 손님 기분 맞추려고 곤란한 표정을 지으면서 애를 쓰는 부장과 마담들의 표정을 볼 때마다 미안한 마음도 든다 (물론 그 업소는 나보다 몇백 배 돈을 잘 벌겠지만).

안타깝게도 그런 한국 아저씨들의 버릇이 방콕에서도 여지없이 나온다. 가라오케 가서 깎으려고 하고, 직업여성과 질펀하게 즐기고 나서 도망가 버리고, 팁 주는 거 고스톱판에서 돈 잃는 것처럼 생각해 배를 잡고 아까워한다. 어른들 하는 짓 그대로 보고 배운 20대 파릇파릇한 대학생들도 방콕 처자들 상대로 휘황찬란한 거짓말을 해

물건도 팔아야 하고, 공연도 팔아야 한다. 방콕에서도 수많은 것들이 사고 팔린다.

대면서 '진상' 떤다. 그리고 자랑스럽게 인터넷 게시판에 후기를 올린다. 푸잉과 공짜로 잤다며 자랑한다. 오 제발!

한국에서 하던 버릇은 한국에 놓고 오면 된다. 방콕에 왔다고 뭐든지 싸게 즐기지 않으면 손해라는 생각도 버리자. 태국은 한국이 아니고, 방콕은 서울이 아니다. 팟퐁 거리의 바가지 상술은 조심해야겠지만, 업소에 들어가기 전에 가격 시스템을 확실히 인지해놓으면 예전처럼 뒤집어쓰는 경우는 거의 없다. 물론 술에 취해 추태, 난동을 부리면 업소 측에서 손을 봐주는 경우도 있다. 태국이라서가 아니라 서울 술집에서도 똑같다. 기분 좋자고 마시는 술에 자기 체면과 위엄, 목숨 걸 필요 없다.

방콕 여자를 사귈 때에도 기본 매너를 잊지 말자. 방콕 고수 왈, "도둑질에도 기본 매너가 필요한 법"이란다. '스크래치 독'에서 프리랜서와 식사를 한 번 한 적이 있다. 그녀에게 물었다. 한국 사람들 어떠냐고.

"한국 손님들은 너무 들러붙어요. 여기서 일하는 사람들도 매너 정말 없고. 꼭 자기 애인처럼 만들려고 해요. 맨날 거짓말만 하고. 막말로 그럼 내 인생 책임져줄 건가? 그것도 아니고, 또 여기에 자기 가족도 다 있으면서 왜 그러는지 정말 짜증나요. 그래도 제 친구는 한국 손님을 자주 받아요. 돈 잘 쓰는 사람으로 골라서. 순진한

팟퐁에는 바가지 상술이 심하다. 외국인 뜨내기 여행객이 많은 탓이다. '삐끼'를 따라가면 백프로 바가지를 쓴다. 하지만, 현지 외국인 주재원을 상대로 하는 타냐에서는 돈 계산이 깔끔하다. 삐끼도 안전하다. 쏘이 카우보이 역시 바가지, 소매치기 같은 낭패에 대해서 걱정하지 않아도 된다.

그녀는 시내에 있는 월 15,000바트짜리 원룸에서 살았다. 일반 샐러리로는 그런 집에서 살지 못한다. 얼마 전에 2박3일 일정으로 수양을 쌓으러 절에 다녀왔다며 승복을 입고 있는 사진을 메신저로 보내왔다.

사람들은 달라는 대로 돈 다 주니까.”

　그렇게 말하는 그 친구의 사고방식이 우리와 많이 다르니 그녀의 말을 곧이곧대로 받아들여 “한국인 나빠!”라고 속단할 필요는 없다. 어쨌든 그녀조차 한국인 손님에 대한 인식이 별로라는 사실이 안타까울 뿐이다. 한번은 ‘스크래치 독’에 갔더니 그녀를 가운데에 두고 한국인 아저씨들이 호시탐탐 기회를 노리는 광경을 목격했다. 그녀와 눈인사를 나눴지만, 그 상황이 별로 마음에 들지 않아 보였다. 누가 누굴 동정하고, 걱정하고, 폄하할 자격이 있겠느냐마는 별로 아름다워 보이진 않았다.

　태국 여자들이 하는 말을 절대로 모두 믿어선 안 된다고 했지만, 거꾸로 한국 남자들도 방콕 처자를 침대로 데려가기 위해서 정말 수많은 거짓말을 뱉어낸다. 유부남이 총각 행세를 하고 다니고, 직업을 속이고, 체류기간을 엉터리로 가르쳐준다. 뭔가 구린 구석을 그대로 까발릴 수 없으니 당연한 전략전술이라고 해야 할까? 사나흘이면 돌아갈 거면서 “방콕에서 일하고 있어”라는 거짓말로 상대를 쓰러트린다. 어찌 보면 한국 남자와 태국 여자의 만남은 서로에게 거짓말로 시작해서 거짓말로 끝나는 것 같다.

정말 다양한 거짓말을 구사한다. 일단 체류기간과 기혼 여부를 속인다. 한국에서의 직업을 속이고, 방콕에 와본 적이 별로 없다고 거짓말을 한다. 상황에 따라 태국어가 유창하면서도 할 줄 모르는 척하기도 한다. 여자를 침대로 데려가기 위해서 남자들은 정말 다양한 노력을 기울인다. 물론 한국에서도 그러는 족속이 있으리라 생각되지만….

정말 사랑해서 서로 행복하게 잘살고 계신 분들도 계신다. 파이팅!

　그런 거짓말 바이러스는 인터넷 게시판에서도 창궐한다. 게시판에 적힌 후기들만 읽고 있으면 마치 방콕 여자들은 한국 남자라고만

하면 사족을 못 쓰는 것 같은 착각이 든다. 좀 더 재미있고 자극적으로 써야지만 주목을 받는 온라인 게시판 특성을 감안하더라도 오염 정도가 너무 심한 것 같다.

P선생(방콕 15년차),

"인터넷에 잘못된 정보가 너무 많아요. 언젠가 심심해서 한번 인터넷을 들어가 봤는데, '주말에 통로 클럽에 가서 정말 재미있게 놀았다'고 되어 있더군요. 주말에 '펑키 빌라' 가보셨죠? 사람이 너무 많아서 술잔을 든 손을 들어 올릴 수도 없어요. 그런 곳에서 여자를 꾀었다니 정말 대단한 능력자였나 봐요, 하하. 그걸 좋다고 게시판에 올리고, 그러면 사람들은 그걸 보고 또 '통로 클럽은 주말에 가야 되나 보다'라고 따라하겠죠. 자기만 따라오면 된다는 식으로 게시판에 막 써대요. 직접 만나면 기껏해야 방콕 두세 번 와본 친구들이죠. 웨이터한테 주는 팁 100바트도 아까워하는 어린 '찌질이'들. 줄 건 주면서 놀아야죠."

> 사실 100바트는 팁 치고는 너무 비싸다. 클럽에 가면 현지인들은 보통 20~40바트 정도의 팁만 준다. 하지만 한국과 일본 손님들이 100바트짜리 지폐를 팁으로 쓰기 시작하면서 상황이 달라졌다. 클럽의 일부 눈치 빠른 웨이터들은 외국인 손님 테이블 옆에 찰싹 달라붙어 100바트 지폐를 쏙쏙 잘도 얻어간다.

기본적으로 세상 이야기는 '믿거나 말거나'다. 멀쩡한 언론사의 기사도 좌우 편향적인데, 사용자가 자유롭게 적는 블로그나 게시판이야 오죽하랴. 다들 생각한 대로 방콕을 이야기하고, 느낀 대로 방콕을 판단한다. 당연히 주관적이고 팩트 자체가 잘못된 경우도 흔하

너무 고급스러운 여행에서는 방콕의 매력을 느끼기가 어렵다. 멋지고 웅장한 구조물은
세계 어디에서나 어렵지 않게 구경할 수 있다.

다. 지금 쓰이는 이 텍스트들도 누군가에게는 '거짓말'로 느껴질 지 모를 일이다. 세상을 읽는 방법은 자기 마음대로니까.

하지만 상식선에서 이해될 수 있는 매너만 지키면 더 즐겁게 방콕을 즐길 수 있다. 클럽에서 작업 걸 때도 국적과 돈만 내세워서 무작정 들이대는 것보다 조금은 진실하게 나서는 기본 예의가 필요하다. 운전하면서 찾았던 '개새끼', 술값 깎으면서 찾았던 '소새끼', 포커 치면서 찾았던 '십새끼'들은 인천공항으로 가는 길가에 모두 던져버리자. 순수하게 즐기고 싶다는 마음과 상식, 그리고 센스와 매너만 갖고 떠나면 방콕은 행복해진다.

방콕의 대낮 날씨와 공기가 나른하다. 정신력 무장한 트레블러가
아니라면 오수를 즐기고 싶은 마음이 칸절해진다.

방콕 길 찾기

1. 구글 지도(https://maps.google.com/)를 연다.

2. 키워드로 Thailand, Bangkok, ×××××로 검색한다.(예: RCA의
   루트66을 찾을 때 → Thailand, Bangkok, Route만 입력하면 정확한
   위치를 알려준다)

3. 수쿰빗 지역에 숙박을 한다면, 웬만한 곳은 모두 택시 100바
   트 이하 거리에 있다. 택시 기사가 위치를 못 알아들으면 도
   로 번호(예: 수쿰빗 쏘이 33)를 말해주면 된다. 업소명은 몰라도
   도로 번호는 누구나 다 알고 있다.

4. 정확한 위치나 지물, 지형을 찾고 싶다면, 해당 지역을 구글
   지도로 검색한 뒤에 'Street View'로 주변 실제 사진을 확인
   할 수 있다.(일반적인 방향 감각을 가진 대한민국 남자라면 구글 지
   도 서비스만으로도 어디든 찾아갈 수 있다. 방콕 현지에서도 구글 지
   도가 당신의 현 위치를 정확히 찍어준다.)

방콕 정보 얻기

• 방콕 클럽/바 파티 정보

http://www.siam2nite.com/en/

위치, 개략 설명은 물론 파티 정보가 충실하게 업데이트되어

매우 유용하다.

• **방콕 톱10** http://www.bangkok.com/topten.htm

방콕 여행을 위한 톱10 정보를 참조하면 여행 알맹이를 알차게

만들 수 있다.

• **타임아웃** http://www.timeout.com/bangkok/

유명한 런던의 잡지 〈타임아웃〉 방콕 버전을 참조해도 좋다.

Travel Guide

영문 사이트의 장점은 방콕 여행을 위한 폭넓은 정보를 제공해준다
는 것이다. 국내 검색 결과(네이버 블로그 등)들은 모두 짧은 체류기
간에 입수된 개인의 정보가 많다. 한국인의 입맛에 더 맞는다고 할
수도 있지만, 반대로 그만큼 정보의 폭이 좁다. 특히 방콕 여행과 관
련된 블로그 대부분은 20~30대 여성에 의해 작성된 경우가 많다.
남자들의 취향이나 공통관심사가 아닌 경우가 많다는 점을 감안해야
한다.

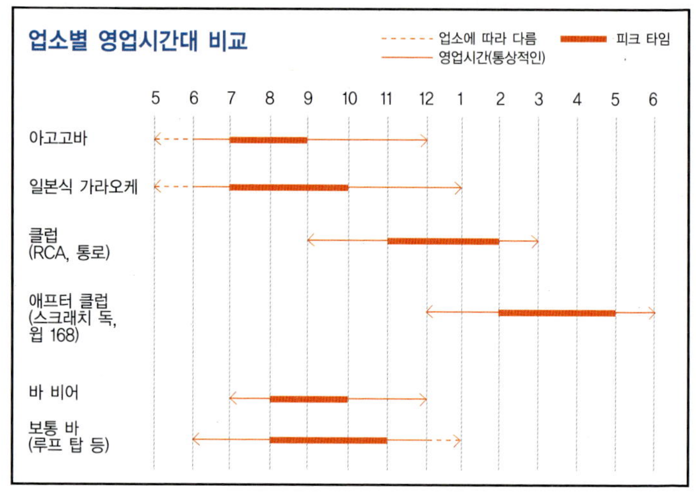

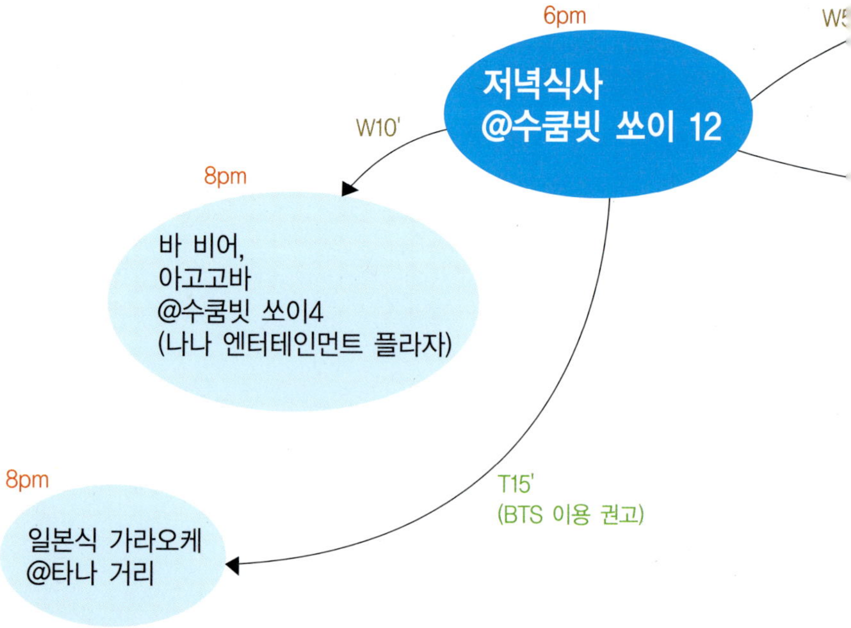

6pm

**저녁식사
@수쿰빗 쏘이 12**

W10'

8pm

**바 비어,
아고고바
@수쿰빗 쏘이4
(나나 엔터테인먼트 플라자)**

T15'
(BTS 이용 권고)

8pm

**일본식 가라오케
@타나 거리**

W5

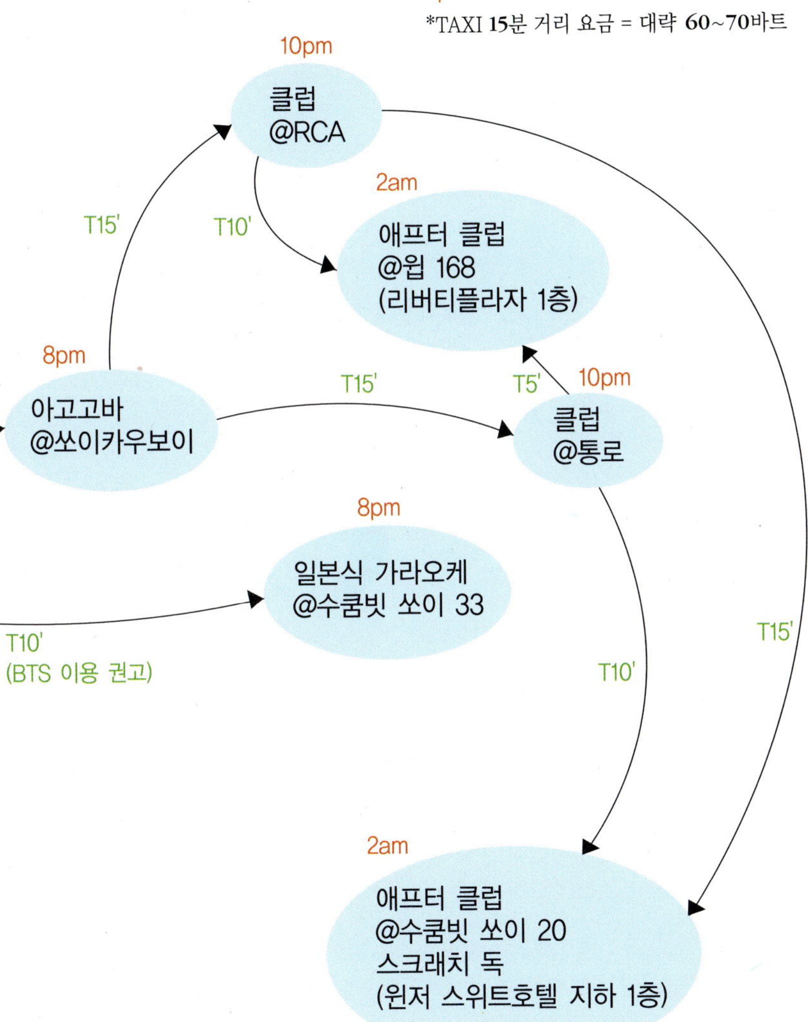

W15' : 도보 15분 거리
T15' : 택시로 15분 거리
8pm : 저녁 8시 정도가 방문 최적시간
*TAXI 15분 거리 요금 = 대략 60~70바트
10pm
클럽
@RCA
2am
애프터 클럽
@윕 168
(리버티플라자 1층)
T15'
T10'
8pm
아고고바
@쏘이카우보이
T15'
T5'
10pm
클럽
@통로
8pm
일본식 가라오케
@수쿰빗 쏘이 33
T10'
(BTS 이용 권고)
T10'
T15'
2am
애프터 클럽
@수쿰빗 쏘이 20
스크래치 독
(윈저 스위트호텔 지하 1층)

　방콕에서 만난 대한민국 건아들로부터 공통적으로 느낀 점이 있다. '젊음'이었다. 왜냐면 생물학적 나이가 이미 '젊은이' 항목에 속한 연령대부터 30~40대 아저씨들에 이르기까지 그들 모두 '작업'에 열중이었기 때문이다. 기껏 방콕까지 날아가서 여자 꾀어내는 게 뭐 그리 대단하냐고? 위대한 행동은 아닐지 몰라도 이성을 유혹하는 '작업'이야말로 남자의 젊음을 가장 상징적으로 나타내는 행위라고 생각한다. 물론 이성에 무관심한 남자들도 있고, 젊음의 측정법이야 오래달리기, 100미터 달리기, 턱걸이 등 여러 가지를 떠올릴 수도 있다. 하지만 이성에 관심을 쏟고 함께하고 싶어 하는 마음과 몸짓이야말로 심신 모두 젊은 상태에서 나올 수 있는, 가장 왕성한 행동이다. 여자는 몰라도 최소한 남자라면 어느 정도 동의할 거라고 믿는다.

　한국은 조로(早老)의 사회이다. OECD국가 중 평균근로시간이 압도적으로 길다는 통계가 보여주듯이 살아가는 환경 자체가 우리 몸뚱이를 너무 지치게 만든다. 성공, 출세, 조직, 또는 자기계발이라는 그럴듯한 단어들이 동원되는 바람에 마음도 지나치게 빨리 늙어

버린다. 30대 중반은 결코 많은 나이가 아니지만, 그 나이가 된 한국
의 샐러리맨은 마치 세상을 다 산 듯한 사람처럼 생각하고 말하고
행동한다. 서른 살만 넘어가도 "결혼 언제 하냐?", "여자친구 없느
냐?", "돈은 많이 모았느냐?" 등 참 다양한 참견과 간섭의 공격에 맞
서야 한다. 대한민국 남자들의 젊음은 20대에 이미 막장에 다다른
듯한 느낌이다.

　방콕에 발을 내디딘 한국 남자들의 에너지를 목격하면서 역시 조
로의 원인이 우리 안에 있는 게 아니라 바깥에 존재한다는 사실을
절실히 깨달았다. 정말 다양한 연령대의 한국 남자들이 방콕을 '인
조이' 하고 있었다. 클럽에서 미녀를 쫓는 그들은 영락없는 대학생
시절 그때 그 모습이었다. 한국에서는 가볼 기회조차 없는 클럽에서
이리저리 눈을 돌리며 작업 대상을 살피는 30~40대 아저씨들을 보
면, 솔직히 "나잇값 좀 해라"라는 비난보다는 "그래, 이런 곳에서 젊
을 때로 돌아간 셈치고 신나게 놀아야지"라는 공감이 생긴다. 밥을
먹을 때에도, 커피를 마실 때에도 하물며 그들의 걸음걸이에서도 자
신감이 전달될 정도였다.

　물론 제한된 방문과 인터뷰, 취재, 그리고 최소한의 의무감에 훑
어본 서적 참고만으로 "왜 한국 남자들은 방콕을 사랑하는가?"라는

거창한 물음에 대한 해답을 얻기란 불가능하다. 수박 겉핥기식으로 아는 척할 만큼 대범(?)하지도 못한 성격이다. 이 책에 소개된 이야기들보다 훨씬 더 깊은 구석구석, 요소요소까지 직접 경험하거나 탐험한 분들도 계실 것이다. 이른바 '강호의 고수'들이 많다는 사실을 잘 알기에 최대한 조심스럽게 방콕의 밤을 설명하려고 나름대로 애를 썼다. 그러면서도 마음 한구석으로는 인문서가 아닌 덕분에 방콕의 공기와 냄새, 색깔, 분위기를 주관적으로 적을 수 있는 일종의 기행문이라는 자위도 한다.

여행에서 얻는 감성과 느낌은 주관적으로 해석되고 자기중심적으로 기억되기 마련이다. 어떤 이에겐 방콕의 택시가 끔찍하게 엉망진창인 교통수단인 반면, 다른 이에겐 정말 저렴하고 편리하고 땀을 식힐 수 있는 최고의 발이 될 수도 있다. 어떤 이에겐 방콕의 밤문화를 즐기는 한국 남자들이 천박하고 삐뚤어진, 성적 본능에만 충실한 동물처럼 보일지 몰라도, 시각을 달리 가지면 이성과의 새로운 관계맺음을 통해 일상 속에서 잊고 살았던 젊음을 되찾는 과정의 노력이라고 이해할 수도 있을 것 같다.

여행에서는 누구나 무언가를 얻거나 찾으려고 한단다. 거창하게 득도까진 아니더라도 마음의 평안이나 체력의 회복이 될 수도 있다.

책 서두에 설명한 것처럼 내 자신의 커피 중독증 정도만 알게 되도 나쁘지 않은 수확이라고 생각한다. 자칫 과해 보일 수도 있는 방콕의 밤도 법규와 도덕, 상식의 테두리 안에 즐길 수 있다면, 그보다 더 좋은 리프레시 기회가 없을 것 같다. 물론 방콕이 선물하는 자유를 과용하는 경우도 심심치 않게 발견할 수 있다. 쉬운 말로 '나라 망신시키는' 작자들도 적지 않다. 마치 베트남전 당시 욕구를 풀기 위해 읍내에 나간 미국인 병사처럼 행동하는 친구들도 있다. 한국에서는 평범하기 그지없는 대학생이 방콕에서는 뭔가 근사하고 센스 있는 외국인 행세를 하기도 한다. 그런 모습을 보면서 한국에서 대접받는 백인 남자(불편하게 들리겠지만 한국 사회는 분명히 그들이 가진 것 이상의 대접과 호감을 베푼다)의 기분이 이런 거겠구나, 라는 추측도 해본다.

사견을 밝히자면, 법규와 도덕, 상식 그리고 양심의 범위에서 벗어나지 않는다면 남녀상열지사는 어디까지나 상호간의 문제이기 때문에 제3자가 참견할 수 있는 영역은 아니라고 생각한다. 일정의 선을 넘어가버리는 사람은 남에게 상처를 주기도 하지만, 가장 큰 피해를 입는 쪽은 결국 본인이었다. 극단적인 선택을 하는 친구들의 이야기도 심심찮게 들었다. 상대가 되었든 본인이 되었든 간에 상심하거나 슬퍼할 만한 지경까지 가지 않기를 바란다. 무엇보다 타인의 언행에 대한 도덕적 평가를 내릴 만큼 내 자신이 도덕적으로 무결한 존재가 되지 못한다. 가치관이 제대로 정립되지 못한 청소년이라면 모를까, 모두 자기 행동에 책임을 질 수 있는 성인이므로 각자의 선을 스스로 넘지 않아야 하고, 그렇게 되기를 희망하고 기대하고 바랄 뿐이다.

방콕은 자유롭다. 열려 있다. 자기 자신을 컨트롤할 수만 있다면 방콕이 주는 선물과 혜택을 무탈하게 누릴 수 있다. 대다수의 사람들에게 방콕은 잠깐 왔다 가는 여행지일 것이다. 조금 더 많이 알고, 넓게 이해하면 한국의 일상에서 받았던 스트레스를 정말 효과적으로 털어낼 수 있는 곳이다. 그동안 억압받고 박탈당해왔던 젊음과 열정, 삶의 재미를 잠깐이나마 되찾게 해주는 선물을 잠깐의 흥분을 위해 엉망진창으로 망쳐버리지 말자. 한국에서 당했던 것에 대해 복수를 방콕에서 하려고 하지 말고, 방콕인들 틈에 껴서 느긋하게 즐기면 된다. 그냥 잠깐만이라도 그들처럼 천천히 숨 쉬고 여유 있게 세상을 바라보자. 가끔 미녀에게 한눈도 팔아보고. 물론 브레이크를 밟아야 할 때를 잊지 말고 말이다.